Tanjarbay Allambergenov
Zaravshan Ibragimova

Herança e variabilidade de caracteres de "Qualidade da fibra" em algodão

Tanjarbay Allambergenov
Zaravshan Ibragimova

Herança e variabilidade de caracteres de "Qualidade da fibra" em algodão

Variedades pertencentes a G. Hirsutum L.
Monografia das espécies

ScienciaScripts

Imprint
Any brand names and product names mentioned in this book are subject to trademark, brand or patent protection and are trademarks or registered trademarks of their respective holders. The use of brand names, product names, common names, trade names, product descriptions etc. even without a particular marking in this work is in no way to be construed to mean that such names may be regarded as unrestricted in respect of trademark and brand protection legislation and could thus be used by anyone.

Cover image: www.ingimage.com

This book is a translation from the original published under ISBN 978-620-7-45394-8.

Publisher:
Sciencia Scripts
is a trademark of
Dodo Books Indian Ocean Ltd. and OmniScriptum S.R.L publishing group

120 High Road, East Finchley, London, N2 9ED, United Kingdom
Str. Armeneasca 28/1, office 1, Chisinau MD-2012, Republic of Moldova, Europe
Printed at: see last page
ISBN: 978-620-8-29641-4

Conteúdo

Esta monografia é escrita com base em experiências dedicadas ao estudo das caraterísticas de hereditariedade e variabilidade de traços quantitativos em híbridos recíprocos de variedades de algodão pertencentes à espécie G. hirsutum L.
A monografia destina-se a ser um guia de formação para especialistas da indústria de genética, seleção e melhoramento de sementes de algodão, pessoal científico, estudantes do curso de reciclagem e formação avançada de pedagogos, professores e estudantes de instituições de ensino especial superior e secundário.

INTRODUÇÃO

O algodão é considerado uma das culturas técnicas mais importantes da agricultura mundial e é cultivado principalmente pela sua fibra. O algodão é cultivado em 97 países localizados nas regiões tropicais e subtropicais do mundo entre 36 graus de latitude sul e 48 graus de longitude norte. De acordo com os dados do Departamento de Agricultura dos EUA, a colheita mundial de algodão em 2018-2019 foi superior a 27,3 milhões de toneladas. As economias dos maiores países do mundo, como os EUA, a China e a Índia, progrediram em seu desenvolvimento principalmente devido à produção e processamento de fibra de algodão. No domínio do algodão, a criação de variedades de algodão do tipo *G. hirsutum L.*, de maturação rápida, produtivas, resistentes a insectos nocivos e a factores de stress do ambiente externo, com capacidades genéticas e elevada qualidade de fibra, desempenha um papel importante na procura de uma solução para uma série de problemas actuais.

Através da utilização eficaz do potencial genético das espécies tetraplóides (G. hirsutum L.) de algodão cultivadas no mundo, a transferência das suas caraterísticas únicas e indicadores de qualidade da fibra para as gerações seguintes, o estudo das caraterísticas de hereditariedade e variabilidade servem de base para a criação de novas variedades que satisfaçam as exigências da indústria têxtil, resistentes a condições de stress.

O Usbequistão tem liderado o mundo na seleção de variedades de algodão de crescimento rápido. As variedades "AN-Bayovut-2", "Mehnat", "Beshkahramon", "Kelajak", "Bukhara-6", "Bukhara-102", "S-4727", "S-6524", "Sultan", "Namangan-77", "Omad", "Andijan-35", "Khorazm-127" e "Chimboy-5080" são plantadas em grandes áreas em diferentes regiões da nossa república. Além disso, estas variedades de algodão têm um lugar no mercado mundial devido aos indicadores de alta qualidade da fibra, rendimento e comprimento da fibra, brancura da cor da maciez, micron e dureza, bem como a capacidade de cumprir plenamente as normas mundiais em termos de fiação de alta qualidade e produção de tecidos macios. Em particular, a variedade de algodão "Bukhara-6" foi galardoada com a "Medalha de Ouro" na Bolsa de Valores de Liverpool, em Inglaterra, por cumprir plenamente as normas mundiais de qualidade da fibra e é utilizada como referência para a qualidade da fibra no mercado mundial. As variedades de algodão "AN-Boyovut-2", "Namangan-77" e "S-6524", em especial, estão a atrair compradores estrangeiros devido à elevada qualidade da fibra. Os dirigentes do Comité Consultivo Internacional do Algodão afirmaram que o nosso país não só produz algodão de alta qualidade, como também é um parceiro fiável que fornece matérias-primas de algodão com garantia.

Na nossa república estão a ser levadas a cabo reformas em grande escala no desenvolvimento da cultura do algodão e estão a ser alcançados alguns resultados

na criação de novas variedades de algodão de crescimento rápido e produtivo. Em particular, as variedades de algodão resistentes aos factores de stress biótico e abiótico, cuja qualidade da fibra pode satisfazer as exigências mundiais de 4
Estão a ser criadas e colocadas em produção novas variedades de culturas agrícolas resistentes a doenças e pragas, adaptadas às condições edafo-climáticas e ecológicas locais. Na estratégia de acções para o desenvolvimento futuro da República do Usbequistão, é salientada a "criação de novas variedades de culturas agrícolas resistentes a doenças e pragas, adaptadas às condições edafo-climáticas e ecológicas locais". Com base nestas tarefas, é importante estudar mais aprofundadamente a cultura do algodão, para criar variedades de amadurecimento rápido, de alto rendimento, de elevada qualidade de fibra e resistentes a doenças e pragas.

CAPÍTULO I

REVISÃO DE FONTES CIENTÍFICAS

§ 1.1. O grau de estudo das caraterísticas de qualidade da fibra de algodão

Nos campos de algodão do nosso país, são cultivados dois tipos de algodão, o de fibra média (Gossypium hirsutum) e o de fibra fina (Gossypium barbadense). Embora as variedades de algodão de fibra fina se caracterizem pela elevada qualidade da fibra, as variedades de algodão deste tipo estão adaptadas a climas quentes e só podem ser cultivadas nas nossas regiões meridionais. Além disso, o rendimento e a produção de fibras são ligeiramente inferiores aos das variedades de algodão de fibra média. As variedades de algodão de fibra média, que fornecem mais de 95 por cento da quota mundial de fibra de algodão, distinguem-se das outras variedades de algodão pela sua produtividade e elevada produção de fibra.

O algodão é comprado no mercado mundial principalmente devido à sua fibra. Esta fibra é a maior e mais renovável fonte de fibra natural para a indústria têxtil mundial. Apresenta várias vantagens em relação às fibras sintéticas, como a sua elegância e respirabilidade, para além de ser um produto amigo do ambiente. Por conseguinte, embora a fibra sintética esteja disponível no mercado, a procura de fibra de algodão não diminuiu de todo no mundo. Em termos de investigação, os indicadores de qualidade tecnológica da fibra são Mic-micronaire, Str-comparative breaking strength, Len-high average length, Unf-length uniformity index. SFI- índice de fibras curtas, Elg-alongamento na rutura, T-cnt-nível de poluição da área, Cg-tipo de cor, Rd-coeficiente de reflexão, +b-nível de amarelecimento com base na análise da população de acordo com diferentes condições e parâmetros de biótipo estudados (L.J. Clark et al., 2003; S.A. Rakhmonkulov et al., 2009; S. Sultonov, 2013). Em particular, determinaram que a interação genótipo-ambiente na hereditariedade de caraterísticas agrícolas valiosas e caraterísticas de qualidade da fibra é forte, e o trabalho de seleção deve ser realizado em diferentes gerações com base na determinação de se as caraterísticas são herdadas em dominância positiva e negativa.

No processo de transformação do algodão, são desenvolvidas fibras, sementes e fiapos. Estes produtos são amplamente utilizados na nossa vida quotidiana, na indústria, na medicina e para fins técnicos. O algodão é o produto mais barato e mais comum. Cerca de metade de todas as fibras têxteis produzidas anualmente em todo o mundo são fibras de algodão. O algodão é processado (limpo), obtendo-se a fibra (30-40%), a semente (60-70%) e o cotão. A semente contém 22-28% de óleo.

De uma tonelada de algodão em caroço obtêm-se 350-380 kg de fibra, 550-570 kg de semente e 50-120 kg de fibra. Um quilograma de fibra produz 5 m de fio ou 140 carretéis de fio. Quando a produtividade média de um hectare de algodão é de 30 centavos, obtêm-se 7-8.500 metros de gaze, 270 kg de óleo de algodão, 730 kg de kunjara, 47 kg de sabão, 108 kg de penugem, 240 kg de sementes e outros produtos.

O algodão é cultivado apenas para fins de produção de algodão em rama. Devido à gaseificação bruta das zonas de cultivo de algodão, a utilização dos caules de algodão como combustível nas zonas rurais está a perder a sua antiga importância. A transformação dos caules de algodão para obter materiais de construção está a ser parcialmente implementada. O principal produto produzido a partir de matérias-primas de algodão é a fibra de algodão. Por conseguinte, é classificado de acordo com a qualidade das fibras de algodão no mundo.

No Uzbequistão, foi adotado um sistema de classificação da qualidade das fibras de algodão. Atualmente, o método de classificação das fibras consiste em dividir as fibras em tipos (classificação vertical) e variedades industriais (classificação horizontal). Por conseguinte, as fibras de algodão são divididas em determinados tipos e variedades industriais em função da sua qualidade. De acordo com as normas actuais, os fios de fibra dividem-se em 9 tipos de acordo com o comprimento da massa, a resistência relativa à tração e a densidade linear. A fibra é constituída por algumas células que se estendem ao longo do

comprimento da epiderme exterior do revestimento da semente. Por conseguinte, cada fibra é apenas uma célula.
Uma célula da epiderme externa de uma semente que se torna uma fibra é chamada de célula ativa. Algumas células incham tardiamente e crescem lentamente, e o linter transforma-se em algodão (penugem). A fibra atinge o seu comprimento total em 25-30 dias, e amadurece nos restantes 25-30 dias. As paredes da fibra são cobertas por cutícula na primeira fase e, na segunda fase, começam a ser cobertas por uma camada de fibra em forma de fibrila espiralada, tornando-se mais espessas.
Quando a fibra está madura, seca juntamente com a semente e a vagem, a seiva celular evapora-se e a fibra torce-se e transforma-se numa espiral. Quando as fibras não tratadas ou em bruto secam, o grau dc torção é fraco e irregular, ou mesmo inexistente. As fibras que não se torcem de todo são designadas fibras mortas na indústria têxtil. As fibras com paredes excessivamente desenvolvidas são incluídas nas fibras de baixa qualidade. Na maioria das formas de algodão, a cor da fibra é branca, mas também existem fibras brancas, amarelas, verdes, cor-de-rosa e castanhas. Os seguintes indicadores tecnológicos da fibra são caraterísticos.
O diâmetro da fibra de algodão é de 2-6 pm. A fibra é constituída quase exclusivamente por celulose, sendo naturalmente constituída por 3-5% de cera branca e alcatrão. A cera branca, principalmente na sua superfície exterior, facilita o processo de deformação.
As grandes qualidades da fibra são a sua utilização no fabrico de uma variedade de tecidos, do cânhamo aos tecidos finos, bem como de vários materiais. A concorrência com as fibras artificiais levou ao aparecimento de tipos de fibras, especialmente as que eram impermeáveis, à prova de fogo e resistentes à podridão. Em comparação com as fibras sintéticas, como os poliésteres complexos, a fibra de algodão oferece uma maior variedade de matérias-primas.
O desenvolvimento da fibra começa após a floração, durante o

amadurecimento do fruto. O fruto é uma vagem com um diâmetro de 1,5-4,5 cm e 25-35 sementes. Algumas células começam a crescer rapidamente em comprimento na semente, tubos de paredes finas com um lado aberto movem-se ao longo de caminhos internos. Estes tubos são as fibras de algodão. Quando as cápsulas de algodão abrem 3-5 vias, o crescimento em comprimento da fibra pára e começa a separação da celulose nas paredes da fibra. As paredes ficam mais espessas e o trajeto enche a cavidade interior da fibra com líquido e, após a secagem, a fibra é torcida ao longo de uma linha curva.

O grau de fibrilhação é expresso pelas propriedades da fibra e pelo aspeto interno. A fibra imatura caracteriza-se pela lentidão da fiação, paredes finas, fraca resistência à rutura e retenção da cor. A fibra madura tem paredes grossas, tem um alongamento curto, parece não estar corretamente torcida e é muito rígida.

Níveis de indicadores de qualidade da fibra no Centro "Sifat" do Uzbequistão (atualmente a empresa estatal unitária do Centro para a prestação de serviços no complexo agroindustrial sob a inspeção de controlo do complexo agroindustrial sob o Gabinete de Ministros da República do Uzbequistão) de acordo com a norma de UzDSt 604-2001 medição moderna HVI (Eich Vi Ay) analisada com base no seguinte: Mic - micronaire, Str - resistência específica à rutura, Len - comprimento médio elevado, Unf - índice de uniformidade de comprimento, Cg - variedade de cor, Rd - coeficiente de reflexão da luz, +b - nível de amarelecimento.

§ 1.2. Caraterísticas da qualidade da fibra do algodão, sua manifestação nas variedades e herança nos híbridos

A norma estatal da República do Usbequistão inclui o índice micronaire, que indica a dureza e a suavidade da fibra, em conformidade com as normas internacionais [2001].

Avtonomov V.A., Akhmedov D.D., Muhammadiev A.M., Aripov H., Djumaev S. [2018], Battalov A.M., Nematov Kh.Sh. [2013], Kakhorov I.T., Kahramonov A.K. [2013], Kakhorov I.T., Kadirova

M.R., Ergashev O.R., Khakimov A.E. [2018] criaram diversas variedades de algodão resistentes a factores de stress externos e cuja qualidade da fibra satisfaz os requisitos do mercado mundial, tendo sido colocadas em produção.
O mercado mundial centra-se principalmente na fibra de microfibra. Micronaire é o rácio de microgramas por polegada que se correlaciona com a densidade linear da fibra, e também determina o grau de maturidade da fibra. Além disso, Levis C.F. [1991], Silvertooth, J.C., A. Galadima [2003] descobriram que a cor e a aparência da fibra após a qualidade da fiação, a perda de peso (%) de defeitos e impurezas, a relação de peso da humidade (%) também afectam grandemente o seu valor.
Sabe-se que a fibra de algodão produzida no nosso país está dividida em tipos I, II, III, IV, V, consoante o seu aspeto. Dependendo da quantidade de defeitos e impurezas na composição (de acordo com os requisitos das normas estatais), divide-se em classes alta, boa, média, normal e suja. Os principais indicadores de qualidade da fibra de algodão, de acordo com a norma estatal UzDst 604:2001, são os seguintes: tipo - comprimento da fibra; variedade - aspeto da fibra de algodão; classe - quantidade de defeitos e impurezas da fibra de algodão. A fibra de algodão divide-se em tipos 1a, 1b, 1, 2, 3, 4, 5, 6 e 7. Entre eles, os tipos 13 são fibras longas e os tipos 4-7 são fibras médias. Em termos de maior rendimento de fibra em 2004-2005, de acordo com o Boletim "Cotton World" da revista ICAC, a Austrália - 20,9 toneladas/ha, Israel - 18,2 toneladas/ha, Síria - 15,7 toneladas/ha, México - 13,1 toneladas/ha e China - 11,1 toneladas/ha conseguiram produzir fibra. Tendo isto em conta, o aumento do rendimento do algodão, tendo em conta a importância da produção e da qualidade da fibra para a indústria, a execução atempada de medidas agrotécnicas de variedades selecionadas, a proteção contra doenças e pragas permitirão obter fibra de alta qualidade - Iksanov M., Khalmonov B. [2007].
A fibra é a principal matéria-prima da planta do algodão para a

indústria. A indústria deve procurar fibras de alta qualidade com vários parâmetros, mas existem muitos problemas a este respeito. Para resolver estes problemas, Abdurakhmanov I.Yu. [2008], Toychiev H.Yu. [2010], Tajiev M., Tajiev K.M. [2014] no seu estudo, a produção de fibra de qualidade depende em grande medida da variedade, mas também do cultivo e da colheita atempada de boa qualidade. Jenkins J.N., Constable G.C. e Forrester N.W. [1994], Norton, E.R., L.J. Clark, e S.H. Husman [2003] afirmam que os principais objectivos dos programas mundiais de melhoramento do algodão são aumentar o rendimento e melhorar a qualidade da fibra. Aliyarov N., Ibragimov P., Orozov B., Tokhtaev E. [2014], Abdurakhmanov I.Y. [2010], Akhmedov J.Kh., Uralov S., 10 Nuritdinov A., Nurmamatov A., Uralov J. [2013], Berdimurodov E., Shaumarov Kh.B. [2017], Zelenov E.I., Bondarchuk M.M. [2007], Kakhorov I.T. [2013], as variedades de algodão devem satisfazer plenamente não só os requisitos da agricultura, mas também os requisitos da nossa indústria ligeira e do mercado mundial de fibra de algodão. A qualidade da fibra de algodão é determinada por uma série de propriedades, uma das mais importantes das quais é o rendimento e o comprimento da fibra. Por conseguinte, o estudo do comprimento da fibra, do rendimento, do índice, da microagulha e de outras caraterísticas de qualidade é importante na genética e na seleção do algodão.

Kakhorov I.T., Allambergenov T.D., Kahramonov A.K., Tuychiev H.Yu., Kaynarov P.Kh. A investigação científica e a experiência prática de [2013] mostraram que a elevada qualidade da fibra do algodão depende, na maioria dos casos, da pureza e integridade da semente e das condições do seu cultivo. A doença da fibra, a violação da sua estrutura e firmeza, a diminuição da qualidade levam ao fracasso das unidades de trabalho nas fábricas de descaroçamento de algodão.

Abdullaev Al.A., Kuryazov Z.B., Egamberdiev Sh., Abdurakhmanov I.Yu., Abdullaev A.A. [2010] realizaram uma

investigação baseada em marcadores de ADN em G. barbadense L. e G. hirsutum L., que é a caraterística mais valiosa do algodão.
Usmanov C.A., Khudarganov K.O., Abdiev F.R., Amanov B.Kh. [2017], Akhmedov J.Kh., Rakhmatullaev E.D. [2018] realizaram investigação sobre caraterísticas económicas valiosas e de qualidade da fibra de variedades de algodão.
Jalolov X., Radmonkulov S. [2009] realizaram uma investigação sobre alguns indicadores económicos valiosos e de qualidade da fibra de diferentes amostras coloridas de fibra de algodão da espécie G.hirsutum L.. Observou-se que a cor da fibra é maioritariamente branca, mas nesta espécie existem fibras coloridas, ou seja, castanhas, verdes e de outras cores, bem como a ocorrência de fibras curtas em algumas fibras.
A caraterística da fibra de algodão não se encontra de todo nas fibras naturais e artificiais. Quando vista ao microscópio, tem uma forma espiralada. Por conseguinte, pode atingir a elasticidade, e estão bem ligadas umas às outras nos teares. As qualidades tecnológicas da fibra reflectem a qualidade do tecido feito de algodão. Quanto mais fina, mais espessa e mais comprida for a fibra, melhor será o tecido que dela se tece. Karimov E.Yo., Sherimbetov A.G. [2018], Muminov X.A. [2013, 2018], Hake K. [2012], Kakaev R. [1988] argumentaram que as qualidades tecnológicas da fibra estão estreitamente relacionadas com o clima, as condições de irrigação do solo da planta e as medidas agrotécnicas aplicadas, e que os traços de qualidade da fibra são controlados por vários genes.
Ikromov Yu, Musaev J.A., Usmanov S.A., Saidkarimov A.T. [1998] desenvolveram uma tecnologia agrotécnica para o rápido crescimento e desenvolvimento do algodão em estufas de criação e reprodução, e ao cruzar as linhas com variedades padrão, estas superam frequentemente as variedades padrão em termos de rendimento e caraterísticas económicas. A variedade Namangan-77, de maturação rápida, é superior em termos de comprimento de fibra.

Quando comparadas com a variedade S-6524, as linhas têm indicadores iguais ou ligeiramente superiores. Em geral, utilizando um complexo de fitotrões e estufas, é possível encurtar o processo de seleção do algodão em 3 anos. Isto permite a criação rápida de novas variedades de algodão com maturação rápida, alto rendimento, resistência ao murchamento e boas propriedades tecnológicas da fibra, o que proporcionará uma grande eficiência económica na seleção do algodão.

Popov P.V., Daminova D.M. [2005] nas suas experiências com as taxas de fertilizante mineral da variedade de algodão S¬6524 N-150, P-100, K-75 BaN-200, P-150, K-100 kg por hectare, o rendimento da fibra de algodão foi de 34,0 e 34,3%, o peso de 1000 sementes foi de 127,5 g, a maturação da fibra foi de 4,1 g.k. e a resistência relativa à rutura foi de 25,3 12

e 25,6 gk/tex, respetivamente. Quando o biohumus (Yut.ha) foi utilizado em conjunto com N-150, P-100, K-75 kg/ha, o rendimento da fibra foi de 34,2%, o peso de 1000 grãos foi de 128,5 g, a maturação da fibra foi de 4,3 g.k, a resistência relativa à rutura foi de cerca de 26,1 gk/tex, e a fibra de primeira qualidade foi obtida. Quando o biohumus foi utilizado juntamente com 10 ou 15 toneladas por hectare, N-200, P-150, K-100 kg/ha, o rendimento da fibra foi de 35,0-35,2%, e a fibra de primeira qualidade foi obtida.

Teshaev F.Zh., Sindarov O.Kh. [2009] estudou o efeito dos desfolhantes nas propriedades tecnológicas da fibra de algodão e concluiu que o rendimento da fibra aumentou em 0,6-0,7%, a resistência à rutura da fibra em 0,1-0,4 gk., a densidade linear em 5-11 m.tex, a resistência à rutura relativa em 0,2-0,8 gk/tex e a qualidade da fibra melhorou numa variedade. Verificou-se que em variedades de algodão de fibra média com 45-50% de cápsulas abertas, a desfoliação com vários desfolhantes aumentou as propriedades tecnológicas da fibra de algodão. Observou-se que o peso de 1000 grãos aumentou em 2,0 gramas quando se utilizou 10,0 kg/ha de clorato de magnésio e em 7,0 gramas quando se utilizou 7,0 l/ha de HMD líquido.

Yan Sun, Suresh Yeerabomma, Haggag A. Abdel-Mageed, Mohamed Fokar, Tadao Asami, Shigeo Yoshida e Randy D. Allen [2005], Zuoren Yang, Chaojun Zhang, Xiaojie Yang, Kun Liu, Zhixia Wu, XueYan Zhang, Wu Zheng, Qingqing Xun, Chuanliang Liu, Lili Lu, Zhaoen Yang, Yuyuan Qian, Zhenzhen Xu, Changfeng Li, Jia Li e Fuguang Li [2014] conseguiram alongar a fibra do sorgo através da mutação do gene PAG1, que inibe a atividade do citocromo P450, que catalisa os brassinosteróides, e da injeção de brassinosteróides na flor.

Nos estudos de S.K. Ramachandran et al., o rendimento em fibra do sorgo aumentou para 25-40 c/ha em resultado da utilização da heterose. Usmanov S.A., Khudarganov K.O., Abdiev F.R., Amanov B.Kh. [2017], Akhmedov Dj.Kh., Rakhmatullaev G'.D. [2018] [13] realizaram investigação sobre caraterísticas económicas e de qualidade da fibra em cultivares locais de algodão.

Jalolov H., Rahmonkulov S. [2009], na sua investigação sobre alguns indicadores económicos valiosos e de qualidade da fibra de amostras de cores diferentes de pêlos de sementes de algodão G. hirsutum L., descobriram que a cor da fibra é maioritariamente branca, mas nesta espécie a fibra é colorida, ou seja, pode ser castanha, verde e de outras cores, tendo sido também observadas fibras curtas em algumas sementes.

As propriedades únicas da fibra de algodão não se encontram noutras fibras naturais e artificiais. Quando a vemos ao microscópio, é uma espiral. É por isso que tem elasticidade, e estão bem ligadas umas às outras nas máquinas têxteis. As qualidades tecnológicas da fibra representam a qualidade da gaze de algodão. Quanto mais fina, mais espessa e mais comprida for a fibra, melhor será a gaze tecida a partir dela. Karimov E.Yo., Sherimbetov A.G. [2018], Mominov Kha.A. [2013, 2018], Hake K. [2012], Kakaev R. [1988] descobriram que as qualidades tecnológicas da fibra dependem em grande medida da variedade de algodão, das condições edafo-climáticas e das medidas agrotécnicas aplicadas, e que os traços de qualidade da fibra são controlados por vários genes.

Ikramov Yu, Musaev J.A., Usmanov S.A., Saidkarimov A.T. [1998] desenvolveram tecnologia agrotécnica para o rápido crescimento e desenvolvimento do algodão em estufas de seleção e reprodução, e as linhas são frequentemente superiores em termos de caraterísticas económicas em comparação com as variedades padrão. Em termos de comprimento de fibra, a tezpishar é superior à variedade Namangan-77. Em comparação com a variedade S- 6524, os indicadores das cristas são iguais ou ligeiramente superiores. Em geral, o processo de seleção do algodão pode ser encurtado em 3 anos, utilizando um fitotrão, um complexo de estufas. Isto dá a oportunidade de criar rapidamente novas variedades de algodão de maturação rápida, férteis, resistentes à murchidão e com boas propriedades tecnológicas da fibra, além de ter um grande efeito económico na seleção do algodão.

Popov P.V., Daminova D.M. [2005] na sua experiência, a variedade de algodão S-6524 com taxas de fertilizante mineral de N-150, P-100, K-75 e N-200, P-150, K-100 kg por hectare produziu 34,0 e 34,0 kg de fibra de algodão. 3%, o peso de 1000 sementes é de 127,5 g, a dureza da fibra é de 4,1 g.k, a resistência relativa à rutura é de 25,3 e 25,6 gk/tex, e a fibra de grau II foi obtida. Quando o biohumus (10t.ha) é utilizado em conjunto com N-150, P-100, K-75 kg/ha, o rendimento da fibra é de 34,2%, o peso de 1000 sementes é de 128,5 g, a maturidade da fibra é de 4,3 g.k, a resistência à rutura relativa é de cerca de 26,1 gk/tex, e foram obtidas fibras de grau I. Quando o biohumus é utilizado juntamente com 10 ou 15 toneladas por hectare, N-200, P-150, K-100 kg/ha, o rendimento da fibra é de 35,0-35,2%, e obtém-se fibra de grau I.

Teshaev F.J., Sindarov O.Kh. [2009], ao estudar o efeito dos desfolhantes nas propriedades tecnológicas da fibra de algodão, o rendimento da fibra aumentou em 0,6-0,7%, a resistência à rutura da fibra aumentou em 0,1-0,4 gk., a densidade linear aumentou em 5-

11 m.tex, a resistência à rutura relativa aumentou em 0,2-0,8 gk/tex, e a qualidade da fibra aumentou, melhorando para uma variedade. Verificou-se que a desfoliação com diferentes desfolhantes em variedades de algodão de fibra média com 45-50% de cápsulas aumenta as propriedades tecnológicas da fibra de algodão. Observou-se que o peso de 1000 sementes aumentou em 2,0 gramas quando o clorato de magnésio foi aplicado a 10,0 kg/ha, e em 7,0 gramas quando o XMD líquido foi aplicado a 7,0 l/ha.

Yan Sun, Suresh Yeerabomma, Haggag A. Abdel-Mageed, Mohamed Fokar, Tadao Asami, Shigeo Yoshida e Randy D. Allen [2005], Zuoren Yang, Chaojun Zhang, Xiaojie Yang, Kun Liu, Zhixia Wu, XueYan Zhang, Wu Zheng , Qingqing Xun, Chuanliang Liu, Lili Lu, Zhaoen Yang, Yuyuan Qian, Zhenzhen Xu, Changfeng Li, Jia Li e Fuguang Li [2014] conseguiram mutar o gene RAG1, que suprime a atividade do citocromo R450, que catalisa os brassinosteróides, e instilar brassinosteróides na flor do algodão para alongar a fibra. foram

C.K. Na investigação de Ramachandran et al., a produtividade de fibras do algodão foi aumentada para 25-40 t/ha em resultado da heterose.

Egamberdiev A.E. [1979] mostrou que as caraterísticas económicas dos híbridos complexos, incluindo o comprimento da fibra, a qualidade da fibra, a segregação e a recombiogénese, aumentam das gerações mais baixas para as mais altas.

D.A. Os trabalhos de Musaev [2005] e outros reflectem os aspectos teóricos, metodológicos e práticos do processo de criação de novas linhas introgressivas promissoras de G. hirsutum L. com caraterísticas de elevada qualidade da fibra e recomendações sobre a qualidade da fibra e o rendimento das novas linhas introgressivas da coleção genética de algodão criada.

Namozov Sh., Kholmurodova G., Jumaeva G. [2011] para aumentar os indicadores de qualidade da fibra de algodão, recomenda-se a realização de um tratamento elétrico abrangente e faseado durante a germinação das sementes, a emergência das folhas verdadeiras dos rebentos de algodão 2 e 3 e as fases de floração. Apenas quando a semente foi tratada eletricamente, o comprimento da fibra aumentou 0,3 mm na variedade Namangan-77, 0,4 mm na variedade AN-Boyovut-2 e 0,1 mm na variedade Omad, em comparação com a opção de controlo. Na fase de emergência da 2ª e 3ª folhas verdadeiras, os brotos de sementes são de 0,6 mm na variedade Namangan-77, 0,5 mm na variedade AN-Boyovut-2 e 0,3 mm na variedade Omad.

Khalikova M., Saydaliev Kh. [2010], verificou-se que a heterose positiva foi observada em híbridos F1 em termos de caraterísticas de formação de rendimento, foram distinguidas combinações eficazes para a heterose em quase todos os indicadores, a qualidade da fibra destas combinações é de grande importância no trabalho de seleção prática.

S.N. Kadapa, R.M. Rajapati [1989] fizeram híbridos complexos com variedades de algodão do tipo Sivin e encontraram heterose no comprimento da fibra e recomendaram combinações híbridas heterozigóticas para seleção.

Huseynov I., Makhmadjanov S., Zolina V. [2013] a mudança nos traços quantitativos é complexa, e os genes movem-se de uma espécie para outra e actuam num novo ambiente genético, resultando numa nova forma que é invulgar para a espécie.

Jenkins JN, McCarty JC, Jr., Parrott WL. [1990] o efeito do número de cápsulas (principalmente 5 cápsulas) sobre o rendimento de fibras numa cápsula é positivo, segundo o qual a proximidade e a facilidade de cruzamento dentro da população resultam num aumento do número de sementes, tendo sido observados indicadores de alta qualidade das fibras (micronaire até 3,9-4,9 variedades de algodão de fibra média).

Wong Ruohai [1991] prestou especial atenção à qualidade da fibra do algodão aquando da criação de novas variedades. A criação das variedades Yuminan-4, Zongmian-17 e Erjing é uma prova clara da nossa opinião.

Egamberdiev A.E., Aliev A.I., Matyokubov Kh. [1995], através do recruzamento de amostras introgressivas obtidas com base no cruzamento de diferentes tipos e subespécies de algodão, que são nitidamente diferentes em termos de origem ecológica e genética, com diferentes variedades, um número de novos 176, 259, alta qualidade de fibra atende aos padrões internacionais. Foram obtidas 311, 440, 700 cristas.

Clark, L.J., E.W. Carpenter e E.R. Norton. [2003], Rethwisch, M.D., R. Souffle, R. Murphy, B.J. Griffin, and A. Bradley. [2003], Silvertooth, J.C., A. Galadima, and R.E. Tronstad. [2003] classificaram as caraterísticas tecnológicas de qualidade da fibra como Mic-micron, Strcomparative breaking strength, Len-high average length, Unf-length uniformity index, Sfi-short fiber index quantity, Elg-extensibility, T- cnt-Area-impurity level, Cg-color variety, Rd-reflectance coefficient, +b-yellowness level com base na análise populacional e relacionada com várias condições e indicadores de biótipo.

Campbell BT, Chee PW, Lubbers E, Bowman DT, Meredith WR, Johnson JJr. e Fraser D.E. [2011] determinaram a qualidade de uma série de linhas que criaram utilizando um instrumento de medição moderno HVI e mostraram que a soma dos principais indicadores que determinam a qualidade da fibra de algodão consiste no seguinte:

- comprimento do grampo (mm): curto - até 15-25mm, longo - de 27,9 a 32,0mm, extra longo - acima de 32,0mm;
- resistência específica à rutura (gk/tex): Muito fraca - 17 e inferior a 18-21 - fraca, média - até 22,0-25,0, 26,0-29,0 - forte, muito forte - 30,0 gk/tex e superior;
- micronaire: se for inferior a 3,0, muito fino, até 3,0-3,9 - fino, até 4,0-4,9 - médio, até 5,0-5,9 - grosseiro, 6,0 e mais se for elevado é demasiado áspero.

Sultanov S., Kolbaeva N., Khaitov K. [2016] levaram a alterações nos parâmetros micronoriais da fibra de algodão de selecções individuais na variedade de algodão AN-Boyovut-2. Na colheita de 2001, o índice microneural foi de 4,65±0,06, enquanto em 2003 esse índice foi de 4,5±0,10.

Musaev D.A., Abzalov M.F., Turabekov Sh. [1988], numa nova interpretação da teoria do controlo genético da fibra em cultivares de algodão, linhas e formas de G. hirsutum L., observou que a fibra na semente consiste em duas partes e que a herança da pilosidade na semente é controlada por quatro pares de genes.

Egamberdieva S.A. [2005] na seleção de híbridos complexos de algodão, como resultado da utilização combinada de métodos de seleção populacional e individual, foi demonstrado que a utilização de métodos de seleção individual é eficaz em híbridos complexos obtidos a partir do cruzamento de 4-5 formas de progenitor-mãe. As gerações jovens de híbridos complexos foram estudadas com base na seleção individual, tendo sido isoladas novas linhas com caraterísticas complexas resistentes ao míldio e à verticilose, e verificou-se que o comprimento da fibra e os indicadores de qualidade da fibra aumentam das gerações inferiores para as gerações superiores sob a influência da segregação e da recombinogénese.

Kholmurodova G., Namozov Sh., Muratov O. [2006] verificaram que, em resultado da aplicação do método de seleção convergente no algodão, a maioria das combinações híbridas resultou no aparecimento de 18

plantas recombinantes com elementos de alta produtividade, indicadores positivos em termos de rendimento de fibras e propriedades tecnológicas.

Rakhmonkulov S.A., Kholmurodova G.R., Namozov Sh.E., Toshmatova M.Sh. [2009] descobriram que a qualidade da fibra dependia das condições ambientais, especialmente do teor de humidade, e que os parâmetros micronaire e comprimento da fibra tinham a menor variabilidade.

Kholmurodova G.R., Ismailova G.M., Zaynobiddinova G.B. [2017] constatou que os indicadores de qualidade da fibra das famílias e linhas obtidas a partir de cruzamentos interespecíficos, permanentes e convergentes são superiores às variedades-modelo.

Aytjanov B., Aytjanov U.E., Zhienbekov S. [2010] estudaram a herança da qualidade da fibra em híbridos criados em solos moderadamente salinos de Karakalpakstan. Como resultado, observou-se que o índice de microneuri de fibra em combinações híbridas foi igual em plantas obtidas da variedade de algodão S-4727 como mãe, e foi inferior em 0,1-0,6 em plantas obtidas como pai.

Kadirova M.R., Kakhorov I.T., Dusmatova G. [2013] obtiveram bons resultados em 11 dos 12 híbridos em termos de parâmetros tecnológicos da fibra. O comprimento do fio da fibra foi herdado em relação às plantas-mãe de fibra longa, enquanto o comprimento de rutura foi maior nas formas-mãe. Foi registado um estado de heterose para estes dois caracteres.

Asadova Sh.I., Guseynova L.A., Kuliev F.Sh., Abdulalieva G.S. [2011] mostraram que o comprimento de rutura da fibra das variedades promissoras obtidas pelo método mutante não diferiu da variedade padrão, o peso de rutura foi de 1,3-1,5 g. alto, a finura da fibra é alta em 90-280 unidades, o peso de rutura específico é de 1-4 gs / tex mostrando resultados elevados, observou-se que passou por todas as seções do processo de seleção e atingiu o teste de variedade competitiva. Nosirova M.D. [2011], observou-se que na área plantada com musgo, juntamente com a produtividade do algodão, o rendimento da fibra aumentou em 0,7-1,0%, o comprimento da fibra aumentou em 0,6-1,6 mm 19 em comparação com a variedade padrão. Como resultado das pesquisas, constatou-se que, quando a planta de musgo é arada e o algodão é plantado sob ela, a incidência de murcha diminui, e os indicadores de qualidade tecnológica da fibra melhoram.

Avtonomov V.A. [2005] estudou as cristas e cultivares maternas e paternas em híbridos F1 num fundo infestado de gammozoários especialmente estabelecido, e não encontrou nenhum efeito inverso do rendimento da fibra no comprimento da fibra. Um alto grau de dominância foi observado quando as combinações de fibras longas da forma materna envolvidas nos híbridos F1 foram analisadas geneticamente.

Siddikov A.R. [2006] determinou a conveniência de realizar a seleção do comprimento da fibra, dependendo do genótipo das formas parentais envolvidas no cruzamento, e a possibilidade de isolar formas com rendimento de fibra até 5% superior ao da variedade modelo, como resultado da hibridação complexa. Com base na análise dos resultados experimentais, foi demonstrado que o indicador do peso de uma única vagem é mais elevado na maioria dos híbridos complexos em comparação com as variedades iniciais.

Jo'raev S., Namazov Sh., Kholmurodova G. [2007] descobriram que a faixa de variação do comprimento da fibra em híbridos F2 intra-cluster e inter-cluster de variedades de algodão G. hirsutum L. está localizada nas classes de 33,0 a 35,9.

Ibragimov P.Sh., Allashev B.D., Amanturdiev Sh.B. [2010], Chorieva H., Tojiev M. [2010] mostraram que os cruzamentos complexos inter-híbridos no algodão conduzem a uma grande variação em caraterísticas económicas valiosas e permitem a seleção de genótipos transgressivos, em que a maior variação é observada em combinações que envolvem híbridos com elevadas constantes de capacidade combinatória específica, resultando numa maturação precoce, elevado rendimento e fibra.

Rahmankulov S.A. [2010], Holliev E. [2011] observaram que o comprimento da fibra, uma das caraterísticas importantes do algodão, está principalmente relacionado de forma positiva com o peso da cápsula, e nem todas as plantas de floração precoce 20
têm cápsulas que amadurecem mais cedo. De acordo com os investigadores, outros factores podem também afetar este processo. Um tipo difere do outro principalmente no grau de ligações entre

grupos correlativos.

Avtonomov V.A., Kimsanbaev O.Kh., Tangirov Z. [2010] realizaram uma experiência sobre a correlação entre o comprimento da fibra e caraterísticas económicas valiosas de plantas híbridas F2 obtidas através do cruzamento de variedades de algodão da espécie G. hirsutum L.. Não foi observada qualquer correlação entre o comprimento da fibra e o rendimento da fibra, o peso do algodão por cápsula, a produtividade por planta, a duração do período de vegetação e a altura do primeiro ramo. Nas plantas híbridas F2, como os caracteres acima foram herdados sem ligação, foi possível selecionar amostras com alto comprimento de fibra.

Allashov B. [2006] estudou as relações correlativas entre as caraterísticas valiosas e económicas do algodão e observou que, nas famílias de híbridos duplos, as relações entre o peso da cápsula, o comprimento da fibra e as caraterísticas de rendimento da fibra mudaram ligeiramente no sentido positivo em comparação com os indicadores das famílias obtidas pelo método de hibridação simples.

As novas variedades de algodão atualmente criadas são de elevado rendimento, de maturação precoce, resistentes a doenças, pragas e factores ambientais adversos, e devem satisfazer os requisitos da indústria têxtil em termos de elevado rendimento e qualidade da fibra, incluindo a micragem da fibra. A maioria das variedades actuais de algodão foi cruzada dentro da espécie com algodões selvagens de linhagens longas. A maior parte delas tem caraterísticas económicas e biológicas importantes.

Os nossos criadores fazem cruzamentos de variedades para transferir caraterísticas económicas importantes de uma variedade de algodão para outra. No entanto, quando analisamos a literatura científica, vemos que a qualidade da fibra, incluindo a hereditariedade da microneuria da fibra, não foi suficientemente estudada em híbridos F1 e F2 obtidos a partir do cruzamento de diferentes variedades de algodão de tipo industrial. Estudar este domínio é uma necessidade urgente.

A informação sobre os requisitos industriais da fibra de algodão e as propriedades tecnológicas da fibra é um recurso valioso para os criadores. Novas variedades de algodão que satisfaçam todos os requisitos garantirão o fornecimento de fibras de qualidade à indústria têxtil e aumentarão a rentabilidade das empresas produtoras e das explorações agrícolas.

CAPÍTULO II

OBJECTOS, MÉTODOS E CONDIÇÕES DE INVESTIGAÇÃO

§ 2.1. O local do estudo e as suas condições

A investigação científica foi realizada entre 2005 e 2018 no sítio experimental da base experimental regional do Instituto de Genética e Biologia Vegetal Experimental da Academia das Ciências da República do Usbequistão, localizado no distrito de Zangi-ota da região de Tashkent. Esta área está situada a 20 km da cidade de Tashkent, no curso superior do rio Chirchik, a uma altitude de 398 metros acima do nível do mar. O clima é muito variável, o verão (junho, julho e agosto) é muito quente e o inverno (especialmente dezembro e janeiro) caracteriza-se por uma queda acentuada da temperatura. Os dias de sol são 175-185 dias e o período sem geadas é de 200-210 dias. A precipitação ocorre no outono, inverno e primavera, enquanto o verão é seco. Esta situação exige a irrigação artificial do algodão. O solo é constituído principalmente por solos cinzentos típicos e é cultivado desde tempos antigos. A terra é abastecida com água do afluente Junariq do canal Bozsuv.

O solo do campo experimental é um solo cinzento típico com pouco húmus e, de acordo com a composição granulométrica, o solo é arenoso médio. O terreno é ligeiramente inclinado, não salino, naturalmente afetado pela murcha de Verticillium. O peso volumétrico do solo é de 1.321.33 g/cm3, a capacidade limitada de humidade no campo (ChDNS) é igual a 22%. As águas de Sizot são profundas (8 metros e mais). Na experiência, as actividades agrotécnicas foram realizadas da forma geral aceite na base experimental. Os fertilizantes minerais foram administrados 3 vezes antes da plantação, durante a plantação e durante a estação de crescimento (a 1ª alimentação no início do perfilhamento, a 2ª na lavoura em massa, a 3ª na floração - colheita). A norma anual de fertilizantes minerais era N- 250 kg/ha, P2O5-180 kg/ha e K2O-115 kg/ha em estado puro. A plantação foi efectuada nos campos em esquema 90x20x1 na terceira década de abril. As mudas são plantadas no solo a uma profundidade de 4-5 cm.

§ 2.2. Fonte de investigação

Um grupo de variedades de algodão de fibra média e os seus híbridos recíprocos F1-F2 pertencentes ao tipo G. hirsutum L. foram utilizados como objeto de investigação. As caraterísticas morfobiológicas das variedades de algodão estudadas são apresentadas no apêndice.

"*G.hirsutum L*" em investigação. A população de sementes das variedades de algodão de fibra média AN-Boyovut-2, S-6524, Namangan-77, Kelajak, Kopaysin, 75007-11 e das novas variedades Dehkanbob, AN-130, UzFA-705 e UzFA-713 (L-500) pertencentes ao tipo de sementes foram obtidas das seguintes fontes:

AN-BOYOVUT-2. V - tipo de variedade de algodão para produção de fibras - da coleção do laboratório "Genética privada e aplicada de plantas" do Instituto de Genética e Biologia Experimental de Plantas da UzRFA (elite);

S-6524. IV - tipo de variedade de algodão para produção de fibras - da quinta de sementes de elite de Chinaz (elita);

NAMANGAN - 77. V - variedade de algodão com rendimento de fibra - do Instituto de Investigação Científica de Seleção de Algodão, Reprodução de Sementes e Agrotecnologias de Cultivo (elite);

DEHQONBOB. V - tipo de variedade de algodão para produção de fibras - da coleção do laboratório "Genética privada e aplicada de plantas" do Instituto de Genética e Biologia Experimental de Plantas da República Federal do Uzbequistão;

AN - 130 IV - tipo de variedade de algodão para produção de fibras - UzR FA foi obtida da coleção do laboratório "Genética privada e aplicada das plantas" do Instituto de Genética e Biologia Experimental das Plantas.

Breve descrição das variedades:

Variedade de algodão S-6524. Esta variedade foi criada no Instituto de Investigação Científica de Seleção, Sementeira e Cultivo de Algodão pelos criadores V.A. Avtonomov, A.A. Avtonomov, V. Rustakov, T. Yuldashev através do cruzamento da subespécie semisselvagem punctatum (número de catálogo 05152) com a variedade 159-F. A variedade 159-F, criada por M. Saydakhmetov, A.

Shermatov e A. Tsybalar. A variedade foi regionalizada a partir de 1988.

O período de crescimento desta variedade é de 125 dias. A altura é de 110120 cm, o peso de um saco de algodão é de 5,5-6,5 g, o peso de 1000 sementes é de 125-130 g, o rendimento é de 46,0 toneladas por hectare, o rendimento da fibra é de 37,0%, o comprimento da fibra é de 34,0 - 35,2 mm, número métrico 6350, micronaire - 4,34, resistência à rutura 4,2-4,3 gs, resistência à rutura relativa 28,5 gs/tex, pertence ao tipo IV. Resistente ao murchamento.

Variedade de algodão AN-Boyovut-2. Esta variedade foi criada no Instituto de Genética e OEB da República Federal do Uzbequistão com a variedade "Tashkent-1" através da seleção individual de materiais híbridos. Autores: S.S. Sodikov, S.S. Sultonov, R.R. Rahimboev, S. Odilov, Kh. Makhkamov, Kh. Ashurbekov, T. Shoimov, A. T. Bugaenko. A variedade de algodão AN-Boyovut-2 é de crescimento rápido, frutífera, resistente à doença da murchidão e difere da variedade "Tashkent-1" pelas suas caraterísticas agrícolas. Está inscrita no registo estatal desde 1983. As vagens são grandes, cada uma produz 6,0-7,0 g de algodão. O período de crescimento é de 114-118 dias. Produtividade 40-45 toneladas por hectare, produção de fibras 35-36%, comprimento 34-35mm, micronaire 4.0-4.6, resistência à tração 4.3-4.4 gs, número métrico 5570, resistência à tração relativa 26.126.7 gs/tex e pertence ao tipo V.

Variedade de algodão Namangan-77. Foi criada pelo método de seleção única a partir do híbrido natural da variedade "S-6525" obtido pelo cruzamento da subespécie semisselvagem de punctatum com a variedade "159-F" no Instituto de Investigação Científica de Seleção, Sementeira e Cultivo de Algodão e na Quinta Experimental "Kyzil Rovot". Autores da variedade: V.A. Avtonomov, M. Saydakhmedov, A. Shermatov, A. Egamberdiev. Esta variedade pertence ao grupo das variedades médias e é muito resistente à doença da murcha de Verticillium. O arbusto tem forma de cone, a ramificação é de 1-2 tipos, a altura é de 100-110 cm, os ramos estão densamente localizados. O caule é forte, moderadamente peludo, não tende a deitar-se. As folhas são de tamanho médio, moderadamente peludas, o primeiro ramo de cultura forma-se em 5-6 articulações. As cápsulas são de 4-5, o peso do algodão numa cápsula é de 4,5-6,4 g, o rendimento da fibra é de 37,2-38,9%, o comprimento da fibra é de 33,4-33,7 mm, o peso de 1000 25 sementes é de 100-110 g., a dureza é de 4,5-4,6 gs, a suavidade é de 5600, o índice micronaire é de 4,3-4,7, o comprimento médio superior é de 1,08-1,12 polegadas, o comprimento de rutura é de 26,530,7 gs/tex e a fibra é do tipo V. A produtividade atinge 44,0 toneladas por hectare. O período de crescimento é de 110-125 dias.

Variedade de algodão dos agricultores. Esta variedade foi criada por S.S. Sultonov, A.A. Abdullaev, A.K. Erimbetov e outros no Instituto de Genética e OEB da República Federal do Uzbequistão através do cruzamento simples das variedades AN-Boyovut-2 e 149-F. É uma variedade de crescimento rápido, frutífera, resistente à doença da murchidão, o arbusto tem forma de cone, a ramificação é de 12 tipos, a altura é de 110-120 cm. O caule é forte, moderadamente peludo, não tem tendência a deitar-se. As folhas são de tamanho médio, moderadamente peludas, o primeiro ramo de cultura forma-se em 4-5 articulações. As cápsulas são de 4-5, o peso do algodão numa cápsula é de 5,0-6,0 g, a produção de fibra é de 38,0-39,0%, o comprimento da fibra é de 34,0-35,0 mm, o peso de 1000 sementes é de 110-115 g., dureza 4,5-4,6 gs, suavidade 5800, índice micronaire 4,2-4,4, comprimento médio elevado 1,10-1,12 polegadas, resistência específica à rutura 27,0-30,0 gs/tex e a fibra é do tipo V. A produtividade é de 38,0-40,0 toneladas por hectare. O período de crescimento é de 100110 dias.

Variedade de algodão AN-130. Esta variedade foi isolada da população 35/35 da variedade de algodão AN-Boyovut-2 no Instituto de Genética e OEB da República Federal do Uzbequistão por seleção individual repetida.

L - 38 - "Kelajak"

Variedade UzFA-705. I.T. Kakhorov no Instituto de Genética e Biologia Experimental de Plantas da Federação Russa, a linha L-6161 obtida da hibridação interespécies de algodão (G. hirsutum L. e G. barbadense L.) e a linha L-38 obtida como resultado da hibridação com a variedade 146 obtida na Bulgária com raios gama 60CO obtida da população transformada através de uma seleção orientada repetida e frutuosa.

UzFA-713 (linha L-500). No Instituto de Genética e Biologia Vegetal Experimental da República Federal do Uzbequistão, a linha L-38 60CO

foi obtida através do cruzamento da linha L-6161, obtida a partir da hibridação interespécies de algodão (G. hirsutum L. e G. barbadense L.) 26
com a variedade 146 obtida na Bulgária por I. T. Kakhorov e outros. a partir da população obtida por tratamento com raios gama, o rendimento foi obtido várias vezes, repetidas vezes, pelo método de seleção orientada.

Foi criado um viveiro de reprodução de plantas-mãe e as cultivares foram plantadas em duas repetições num esquema de 6 linhas de 50 células 90x20x1. Cada variedade de algodão foi plantada num total de 12 linhas. Na primeira linha, foi efectuada a combinação correta e, na segunda linha, o cruzamento foi realizado de acordo com a combinação inversa.

Logo que os algodões entraram na flor, o trabalho de reprodução foi efectuado de acordo com as seguintes combinações:

1. F0 S-6524 x AN-Boyovut-2)
2. F0 (AN-Boyovut-2 x S-6524)
3. F0 (Namangan-77 x Dehkanbob)
4. F0 (Dehkanbob x Namangan-77)
5. Fo (Namangan-77 x AN - 130)
6. Fo (AN - 130 x Namangan-77)

Da colheita do primeiro ano, foram colhidas 50 selecções individuais de cada variedade de algodão. As sementes de uma única seleção foram preparadas para plantação no segundo ano. As fibras de exemplares de seleção individual destas variedades de algodão foram colhidas separadamente, os indicadores de qualidade da fibra foram determinados no centro "Sifat" do Uzbequistão, e o tipo de fibra foi determinado com base neles.

As cápsulas formadas a partir de flores de polinização cruzada de cada variedade de algodão foram recolhidas no outono. As sementes foram isoladas de cada fibra de semente de cápsula separadamente para cada combinação.

2.3. Métodos de investigação

Nas experiências, foram estudadas como fontes plantas F1-F2 de variedades de algodão de tipo de fibra IV-V - S-6524, AN-Boyovut-2,

Namangan-77, Dehkanbob e AN-130 e os seus híbridos recíprocos. No decurso da experiência, foram estudadas a hereditariedade e a variabilidade de indicadores importantes da qualidade da fibra e de caraterísticas económicas valiosas em híbridos recíprocos F1, bem como o grau de variabilidade de algumas caraterísticas económicas valiosas e de indicadores da qualidade da fibra em híbridos F2, em comparação com as formas parentais. Foram estudadas 40 plantas em cada combinação de variedades híbridas Fl e 120 plantas em cada combinação de híbridos F2. Estas cultivares foram plantadas num padrão 90x20x1 com um total de 36 linhas de 3 repetições, 6 linhas em cada repetição. As observações fenológicas foram efectuadas a partir do dia da germinação das plantas: 50% de germinação; 50% de floração; Foi calculada a abertura de 50% dos orifícios.

O grau de dominância dos caracteres nos híbridos da primeira sílaba foi determinado de acordo com a fórmula de S. Wright apresentada em G. E. Beil e

R. E. Atkins [1965]:

$$hp = \frac{F_1 - MP}{P - MP}$$

hp - coeficiente de dominância;

F1 - índice aritmético médio do híbrido;

MR é o índice aritmético médio de ambos os símbolos de formas parentais;

R é a média aritmética do melhor pai ou da melhor mãe.

hp = 0 - não há dominância;

$0 < hp < \pm 1.0$ – dominância intermédia;

hp = ±1,0 - dominância completa;

$hp > \pm 1.0$ - dominância extrema.

Nos híbridos da segunda e terceira gerações, o indicador de transmissão do carácter de geração em geração (h2) S.N. foi calculado com base na fórmula de Warner [1982]:

$$h^2 = \frac{\delta^2 F2 - \frac{\delta^2 F1 + \delta^2 P1 + \delta^2 P2}{3}}{\delta^2 F2}$$

$^{\delta'}6^2$ F1-F1 dispersão de plantas;;

δ^2 F2- F2 dispersão das plantas;;

δ^2 P1- dispersão da planta-mãe;;

δ^2 P2- dispersão da planta-mãe;

Os resultados quantitativos obtidos com base em todas as experiências práticas foram submetidos a um tratamento estatístico em amostras grandes e pequenas [1985]. Em particular, foram utilizadas as seguintes fórmulas:

$$\bar{x} = A + bxi \qquad G = i\sqrt{\frac{\sum fxa2}{n} - b2}$$

$$V = \frac{Gx100}{\bar{x}} \qquad m = \frac{G}{\sqrt{n}} \qquad m\% = \frac{m}{\bar{x}}$$

aqui

Valor central das classes A; a correção b foi calculada através da seguinte fórmula: $b = \frac{\sum fxa}{n}$;

i - intervalo de classe; f - desvio de frequência;

M - valor aritmético médio; G - desvio quadrático médio;

soma das opções X; m - erro aritmético médio;

n - dimensão da amostra; V - coeficiente de variabilidade;

m% é a exatidão ou o erro percentual da observação selecionada.

$$\bar{x} = \frac{\sum X}{n} \qquad G = \sqrt{\frac{\sum (X - \bar{x})2}{n-1}}$$

$$V = \frac{Gx100}{\bar{x}} \qquad m = \frac{G}{\sqrt{n}}$$

x - valor médio aritmético; G - desvio médio aritmético;

A soma das opções X m é o erro aritmético médio; n - dimensão da amostra; V é o coeficiente de variação.

As variedades de algodão *G. hirsutum L.* e os seus híbridos recíprocos F1-F2 foram utilizados como fontes. Foram estudados os indicadores de qualidade da fibra (microner, resistência específica à rutura, comprimento médio elevado, índice de fibras curtas, uniformidade do comprimento) e económicos (rapidez, peso do algodão por cápsula, rendimento da fibra) das plantas F1-F2 de G. hirsutum L. e o comprimento,), a hereditariedade e a variabilidade dos traços. Além disso, foram analisadas famílias isoladas.

CAPÍTULO III

FIBRA DE ALGODÃO E SUA QUALIDADE INDICADORES

O Uzbequistão ocupa um lugar na indústria mundial do algodão e é um dos principais países produtores de fibra de algodão, sendo a principal razão para tal a sua história de seleção centenária, a sua grande coleção genética e os seus especialistas na matéria. Atualmente, o cientista responsável pela criação de cada variedade de algodão centra-se nas caraterísticas de qualidade tecnológica da sua fibra, que são consideradas Mic-microner, Str-força de rutura comparativa, Len-comprimento médio elevado, Unf-índice de uniformidade de comprimento, SFI-índice de fibra curta, Elg-alongamento da rutura, T-cnt-nível de poluição da área, Cg-grau de cor, Rd-coeficiente de reflexão, +b-foca-se no nível de amarelecimento. A determinação destes parâmetros de qualidade da fibra utiliza equipamento HVI, em que a amostra de medição do comprimento consiste num feixe de fibras que é arbitrariamente comprimido por uma pinça sob a forma de uma "trança". A determinação do comprimento da fibra de algodão no equipamento HVI consiste em traçar um fibrograma, e para entender o fibrograma, imagine que a fibra é ordenada num intervalo que é libertado de uma pinça que está presa na trama. A curva obtida como resultado dessa ordenação das fibras é chamada de fibrograma.

§ 3.1. Microneur

O indicador que determina o preço da fibra no mercado mundial é o Micronaire (Mic). Micronaire - caracteriza a maturidade e a finura da fibra. O índice micronaire é determinado pela diminuição da pressão do fluxo de ar através de uma amostra de fibra de um determinado peso no instrumento. Este indicador indica a finura e a maturação da fibra, representando o rácio de microgramas por polegada. Mas o indicador é diferente para diferentes variedades. Para obter uma densidade linear aproximada, é necessário multiplicar o índice micronaire por 39,37 gk. Para variedades de algodão de fibra média, o indicador varia de 2,0 a 6,5. O intervalo principal é de 3,5 a 4,9. O preço da fibra de algodão é reduzido em função do grau de diferença deste valor para indicadores inferiores ou superiores. São definidos os seguintes grupos do índice micronеur: 2,4 e inferior; 2,5-2,6; 2,7-2,9; 3,0-3,2; 3,3- 3,4; 3,5 4,9 (básico) 5,0-5,2; 5,3 e superior. O tipo de fibra de algodão não se altera quando o índice micronaire aumenta ou diminui, mas o valor da redução de preço no mercado mundial é determinado pelo índice micronaire.

De acordo com os requisitos normativos do Uzbequistão, se o índice micronaire for inferior a 3,0 - "muito fino"; no intervalo de 3,0-3,9 - "fino"; no intervalo de 4,0-4,9 - "médio"; no intervalo de 5,0-5,9 - "grosso" e acima de 6,0 - "muito grosso". Além disso, os valores altos de 4,9 ou baixos de 3,5 do indicador micronaire são definidos para as categorias industriais I e II de matérias-primas de algodão e são apresentados sob a forma de indicadores limitados nos documentos relacionados com a compra de fibras. Nas classificações internacionais, o índice microneural 3,7-4,2 é o "intervalo de prémio"; 3,5-3,6 e 4,3-4,9 - "intervalo principal"; menos de 3,4 e mais de 5,0 é definido como "dedutível".

Além disso, a cor da fibra, o seu aspeto em termos de qualidade após a secagem, a perda de peso de defeitos e impurezas (%) e a relação de peso da humidade (%) têm uma grande influência no seu preço.

§ 3.2 Elevado comprimento médio das fibras e resistência específica à tração

O comprimento médio elevado (UHM) é o comprimento médio das fibras mais longas que constituem metade da massa da amostra a ensaiar, expresso em polegadas ou mm. No fibrograma, este comprimento é determinado por uma linha experimental traçada a partir do ponto 50% da curva do fibrograma até à intersecção das fibras com o eixo de saída da pinça. O ponto de intersecção dá uma maior magnitude do comprimento médio.

O comprimento do grampo de 1/32 polegadas (Staple) é o comprimento da fibra, que é determinado pelo classificador visualmente, ou seja, a olho nu, de um grampo de fibras paralelas colocadas à mão. As fibras com 0,99-1,01 polegadas de comprimento são designadas por 1-32 polegadas ou código 32 em forma de fração. À medida que o comprimento da fibra aumenta, esta quantidade também aumenta. Nesta norma, o seu valor máximo é 43.

A resistência relativa à rutura (Str) é a dureza da fibra de algodão e é expressa em gk/tex (grama de força/tex) ou sN/tex (centinewton/tex) no Algodão de Calibração HVI. A resistência à tração é a força necessária para quebrar uma única
quando esticada. Este indicador é medido em gk (grama de força) ou sN (centiNewton). A resistência à tração é igual a 4,3-4,9 gk nas variedades de algodão de fibra média e 4,6-5,2 gk nas fibras longas.

A medição da dureza das fibras no equipamento HVI é efectuada utilizando o feixe de fibras utilizado para o ensaio de comprimento. A força máxima entre as duas pinças é medida quando as fibras são esticadas até se romperem. As pinças fixam o tendão no local onde o número de fibras determinado a partir do fibrograma (em relação à sua massa) é o mesmo. Encontrar um ponto constante na massa para quebrar a partir do fibrograma fornece as mesmas condições para todos os espécimes que estão a ser testados quanto à resistência. A força medida é convertida numa força de rutura específica e expressa em gs/tex. Um tex é igual ao peso de 1000 metros de fibra medidos em gramas.

§ 3.3 Uniformidade no comprimento e no índice das fibras curtas

O índice de uniformidade do comprimento (Unf) é uma quantidade determinada pela relação entre o comprimento médio das fibras e o comprimento médio superior, e é medido em percentagem. Juntamente com as medições do comprimento no equipamento HVI, o coeficiente de uniformidade (UR) ou o índice de uniformidade (UI) é calculado em função da uniformidade do comprimento das fibras e do comprimento medido (comprimento de cobertura ou comprimento médio).

Se todas as fibras da amostra tivessem o mesmo comprimento, o índice de uniformidade seria de 100%. Se o valor do índice de uniformidade para o comprimento das fibras na amostra for inferior a 77% - "muito baixo, muito irregular"; no intervalo de 77-79% - "baixo"; no intervalo de 80-82% - "médio"; entre 83-85% - "alto" e acima de 85% - "muito alto, muito uniforme".

A uniformidade do comprimento das fibras afecta a uniformidade e a tenacidade do fio cru, bem como a quantidade de fibras curtas no algodão. Uma fibra de algodão com baixa uniformidade tem normalmente uma elevada percentagem de fibras curtas. O fio cru de baixa qualidade é produzido principalmente a partir desta fibra.

Índice de fibras curtas (SFI) - Geralmente, as fibras com menos de 0,5 polegadas não são incluídas na produção de fio em bruto e são removidas como fuligem durante o processo de fiação. A percentagem (em massa) de fibras com menos de 12,7 mm (0,5 polegadas) de comprimento é definida como o teor de fibras curtas. Este valor varia de 2% a 20%.

O equipamento HVI avalia a distribuição do comprimento das fibras a partir do fibrograma. Esta distribuição é utilizada para estimar a percentagem de fibras com menos de 0,5 polegadas, e esta percentagem calculada é designada por índice de fibras curtas.

§ 3.4 Coeficiente de reflexão da fibra e grau de amarelecimento

A fibra de algodão tem um espetro de cor relativamente estreito, entre o branco e o amarelo. No sistema do equipamento HVI, a cor da fibra de algodão é determinada pelos dois indicadores seguintes: o coeficiente de reflexão (Rd, %) e o grau de amarelecimento (+b). Coeficiente de reflexão da luz (Rd) - a quantidade de luz reflectida pela superfície da amostra de fibra de algodão testada, descreve o brilho, a brancura ou o baço, o cinzento da fibra e é calculado em percentagem. Nível de amarelecimento (+b) - representa o nível de amarelecimento da amostra testada.

O grau de cor da fibra de algodão é determinado pela localização dos pontos de intersecção no diagrama dos valores medidos de Rd e +b. A cor da fibra é determinada pelo código de três dígitos Upland. De acordo com as normas oficiais, os dois primeiros dígitos do código de cor descrevem o tipo de cor. Para uma medição mais precisa, cada valor da variedade é dividido em quadrantes que indicam a variação de cor dentro da variedade. O terceiro dígito do código de cor determina o código do quadrante (quadro 3.1.).

Quadro 3.1

Classificação das fibras por cor, aspeto e manchas

	Cor e aspeto da fibra por tipo	
Grau industrial	**1a, 16, 1, 2, 3**	**4-7**
I	O branco ou luz natural é uma	Branco ou

	tonalidade clara de branco ou uma cor clara, consoante o tipo de algodão selecionado ou a região de cultivo. Aspeto sedoso, brilhante e denso	esbranquiçado natural
II	Branco pálido a castanho claro com uma pequena mancha amarela, com menos brilho, sedosidade e espessura do que a primeira variedade.	Branco pálido a amarelo claro mosqueado
III	De branco pálido a bronzeado ou bronzeado irregular com manchas amarelas. Apresenta uma tonalidade acinzentada, quase sem brilho	Branco pálido a amarelo claro com manchas amarelas, baço, com uma tonalidade mais acinzentada
IV	Amarelo ou cinzento misturado com manchas bronzeadas e castanhas irregulares. Sem brilho	Branco pálido e bronzeado a bronzeado com laivos de cinzento e manchas castanhas
V	Castanho a amarelo mosqueado. Cinza	Branco pálido ou amarelo pálido a amarelo claro com manchas castanhas.

§ 3.5 Alongamento na rutura e comprimento médio da fibra

O alongamento na rutura (Elg) é o alongamento na rutura de uma fibra quando puxada por um dinamómetro, expresso em percentagem.

O alongamento na rutura de fibras de fio simples é calculado em % quando a maturidade é determinada. O alongamento é uma medida da ductilidade de um material, que fornece informações sobre as propriedades dúcteis esperadas no processamento subsequente. Se o valor do alongamento das fibras na rutura for inferior a 5,0% - "muito pequeno"; na gama de 5,05,8% - "pequeno"; na gama de 5,9-6,7% - "médio"; na gama de 6,8-7,6% - "elevado" e superior a 7,6% - "muito elevado".

O comprimento médio (ML) é o comprimento médio de todas as fibras da amostra. Para determinar este comprimento, é efectuada uma tentativa a partir do ponto de partida (100%) do fibrograma. O ponto de intersecção deste teste com a abcissa dá o comprimento ML. O comprimento de cobertura de 50% e 2,5% de fibras no fibrograma é explicado da seguinte forma Comprimento de cobertura de 50% - 50% do comprimento das fibras que sobressaem da pinça frisada opcional. Comprimento de cobertura de 2,5% 2,5% é o comprimento das fibras que sobressaem da pinça. Este comprimento é o comprimento máximo. A preparação da amostra sob a forma de um "ramo" (feixe) para a medição do indicador de comprimento é efectuada com um amostrador de fibras de equipamento especial. A pinça de pente é colocada no fibrosampler com os dentes virados para cima. Coloca-se uma amostra de fibra de algodão no cilindro do fibrosamplificador e pressiona-se manualmente contra a placa perfurada a partir do interior do cilindro. A pega da ferramenta é rodada uma volta completa no sentido contrário ao dos ponteiros do relógio. Neste caso, a fibra da pinça em forma de pente é enchida de uma só vez e forma-se um feixe de fibras ao pentear através das agulhas do amostrador de fibras. A pinça deve ser enchida uniformemente, sem espaços na fila do pente.

§ 3.6 Código de limiar, número e área de compostos sujos

As fibras de algodão estão quase sempre misturadas com substâncias orgânicas e inorgânicas, e também se encontram defeitos naturais. Os defeitos naturais da fibra são representados pelo código tresh, o número e a área das impurezas nos indicadores de qualidade tecnológica.

Os resultados da medição da sujidade da fibra de algodão no equipamento HVI foram expressos na imagem digital das três dimensões seguintes: Área de sujidade, Contagem de sujidade e Código de sujidade ou Folha.

O número de compostos sujos (Trash area) é a área total de partículas sujas determinada por dispositivos de medição no sistema HVI. A dimensão desta área é determinada por varrimento e expressa em percentagem do nível da amostra examinada.

A contagem de lixo é o número de partículas de lixo numa amostra com 0,01 polegadas (0,25) de diâmetro ou maior.

O código de lixo (código de lixo) é um indicador de poluição com impurezas não-fibras, que é determinado multiplicando a porcentagem da área de impurezas sujas por 10 (10 * área, por exemplo: se Área = 0,37%, então Lixo = 4). Por exemplo, se a percentagem da área de impurezas sujas for de 0,4 por cento, o código do lixo será igual a 4. Se os indicadores de qualidade da fibra acima mencionados excederem os valores especificados, isso causará danos à indústria têxtil. Se a fibra for curta, várias dezenas e centenas de fibras serão torcidas e puxadas de diferentes formas e tornar-se-ão inseparáveis umas das outras. Enquanto algumas das lêndeas são penteadas quando utilizadas em fiações e adicionadas a fibras de qualidade, algumas nascem e tornam-se resíduos, reduzindo a percentagem de produção de mechas penteadas. Além disso, as fibras contêm um pedaço brilhante de fibra imatura, que se tornou uma película amarela que reflecte bem a luz. Um pedaço brilhante reduz a dureza do fio, se entrar no tecido, não aceita o corante, torna-o defeituoso e é considerado inútil.

As impurezas são fibras em sementes cruas e moídas (mortas) e consistem em cascas não maduras e pedaços de sementes moídas. A presença de carcaças fibrosas entre as fibras limpas tritura-as ainda mais durante a transformação nas fábricas de fiação e aumenta a casca da semente fibrosa. Além disso, existe um revestimento de sementes peludo e fibroso, que consiste num pedaço de semente de vários comprimentos e não separado do cabelo. Aquando da separação dos defeitos, apenas as partes pequenas (até 2 mm2) são incluídas neste tipo. Se for maior do que isso, a semente esmagada é adicionada ao defeito. Durante a maquilhagem, a sua superfície perde a capacidade de aceitar a tinta e torna-se visível sob a forma de pontos negros.

§ 3.7 Coeficiente de maturação

Coeficiente de maturidade (Mat) - indica a maturidade biológica da fibra.

O índice de comprimento da fibra de algodão divide-se em nove tipos (1a, 1b, 1, 2, 3, 4, 5, 6, 7). Nos casos em que existem diferenças na determinação do tipo de fibra em função de vários parâmetros, prevalece o comprimento médio mais elevado. O algodão com fibras do tipo 1a, 1b, 1, 2 e 3 pertence às variedades de algodão de fibra longa, e o algodão com fibras do tipo 4, 5, 6 e 7 pertence às variedades de algodão de fibra média (quadro 3.2.).

Quadro 3.2

Caracterização da fibra por comprimento e resistência específica à rutura

<table>
<tr><th rowspan="2">Tipo de algodão</th><th colspan="2">Comprimento médio elevado (UHM)</th><th colspan="2">Comprimento dos agrafos (agrafos)</th><th rowspan="2">Resistência relativa à tração (Str), sH/tex, (gk/tex) segundo o sistema HVI dos tipos I e II</th></tr>
<tr><th>Мм</th><th>дюйм</th><th>Дюйм</th><th>Код</th></tr>
<tr><td>la</td><td>33,7
34,3</td><td>1,33
1,35</td><td>1,11/32</td><td>43</td><td rowspan="4">29,4-34,3 (30,0-35,0)</td></tr>
<tr><td>16</td><td>32,9
33,6</td><td>1,30
1,32</td><td>1,5/16</td><td>42</td></tr>
<tr><td>1</td><td>32,2
32,8</td><td>1,27
1,29</td><td>1,9/32</td><td>41</td></tr>
<tr><td>2</td><td>31,4
32,1</td><td>1,24
1,26</td><td>1,1/4</td><td>40</td></tr>
<tr><td>3</td><td>30,7</td><td>1,21</td><td>1,7/32</td><td>39</td><td></td></tr>
</table>

	31,3 29,9 30,6	1,23 1,18 1,20	1,3/16	38	
4	28,929,8 28,128,8	1,14 1,17 1,11 1,13	1,5/32 1,1/8	37 36	23,0-27,8 (23,5-28,4)
5	27,4 28,0 26,6 27,3	1,08 1,10 1,05 1,07	1,3/32 1,1/16	35 34	
6	25,8 26,5	1,02 1,04	1,1/32	33	
7	25,1 25,7	0,99 1,01	1	32	

Cada tipo de algodão é dividido em cinco variedades industriais de acordo com a cor, o aspeto, o coeficiente de maturação e de acordo com as amostras aprovadas da forma prescrita (quadro 3.3.). Na classificação, cada variedade industrial deve igualmente satisfazer determinadas exigências específicas de resistência à rutura.

O valor mínimo do coeficiente de maturação específico para cada variedade industrial e biológica deve satisfazer os requisitos de cor e aspeto dos tipos de fibras de algodão.

Quadro 3.3

Coeficiente de maturação por variedade de algodão e tipo de fibra

Tipo	**Var**				
	I	**II**	**III**	**IV**	**V**
1a, 16, 1, 2, 3	**2,0**	**1,7**	**1,4**	**1,2**	**menos de 1.2**
4, 5, 6, 7	**1,8**	**1,6**	**1,4**	**1,2**	**menos de 1.2**

HERANÇA E VARIABILIDADE DE CARACTERÍSTICAS DE QUALIDADE DA FIBRA DE ALGODÃO EM HÍBRIDOS F1-F2 E F3

4.1. Herdabilidade e variabilidade do índice microneural

O micron da fibra é um indicador da finura e maturação da fibra baseado na permeabilidade ao ar de uma amostra de fibra de algodão. Atualmente, o índice micronaire é aceite no mercado internacional em função do grau de maturidade da fibra de algodão, ou seja, deve situar-se no intervalo de 3,5-4,9 nas primeiras e segundas variedades industriais. De acordo com os cientistas [2010], o índice micronaire é o rácio de microgramas por polegada, que se correlaciona com a densidade linear da fibra, e também determina o grau de maturidade da fibra. Além disso, a cor da fibra, a sua aparência em termos de qualidade após a secagem, a perda de peso de defeitos e impurezas (%) e a relação de peso da humidade (%) têm uma grande influência no seu preço.

Nos últimos anos, está a ser dada especial atenção ao índice de micronaire da fibra no mercado mundial. Para as variedades de algodão de fibra média, a gama principal do indicador micronaire deve situar-se no intervalo de 3,5-4,5. No caso de o índice micronaire ser superior a 4,9 ou inferior a 3,5, o preço da fibra é reduzido de acordo com o procedimento estabelecido [2009].

Todos os sinais são causados pela hereditariedade, incluindo alterações em função das condições agrotécnicas. Na nossa investigação, estudámos a herança de caraterísticas de qualidade da fibra na primeira e segunda gerações. O objetivo é revelar mais vividamente o nível de equilíbrio e a preservação da hereditariedade dos caracteres nas gerações seguintes.

Quadro 4.1

Herança do índice microneural em híbridos F1 e F2

№	Combinações de variedades e híbridos	n	limite	M±m	o	V%	hp	h^2
1	AN-Boyovut-2	30	4,0-5,4	4,77±0,04	0,18	3,7		
2	F1 AN-Boyovut-2xS-6524	40	3,3-5,5	4,45±0,10	0,45	10,1	-1,46	
3	F2 AN-Boyovut-2xS-6524	120	3,1-5,4	4,54±0,26	1,15	25,3		0,70
4	Fi C-6524xAH- Boyovut -2	40	*37-56*	4,71±0,14	0,62	13,2	0,58	
5	F2 C-6524X AN-Boyovut -2	120	*39-55*	4,77±0,21	0,92	19,3		0,60
6	C-6524	30	*39-51*	4,50±0,07	0,30	6,6		
7	Dehqonbob	30	4,0-5,1	4,72±0,06	0,28	6,0		
8	F_1 Naman-77x Dehqonbob	40	3,6-5,5	4,79±0,14	0,62	13,0	2,50	
9	F2 Naman-77x Dehqonbob	120	4,4-5,4	4,76±0,17	0,77	16,2		0,54
10	F_1 Dehqonbob xNaman77	40	4,0-5,5	4,78±0,07	0,31	6,5	2,00	
11	F2 DehqonbobxNaman-77	120	3,4-5,5	4,77±0,20	0,89	18,6		0,71
12	Namangan-77	30	4,1-5,4	4,76±0,04	0,18	3,7		
13	F_1 Namangan -77xAH-130	40	3,5-5,0	4,29±0,09	0,41	9,4	-1,14	
14	F2 Namangan -77xAH-130	120	3,6-5,3	4,81±0,12	0,54	11,2		0,51
15	F_1 AH-130x Namangan -77	40	3,8-5.5	4,66±0,10	0,43	9,3	0,55	
16	F2 AH-130x Namangan -77	120	3,9-5,3	4,68±0,15	0,67	14,2		0,59
17	AH-130	30	4,0-5,3	4,32±0,05	0,21	4,7		

Entre os caracteres estudados, o índice microneural da fibra foi de 4,77 na variedade AN-Boyovut-2 e de 4,50 na variedade S-6524. Na combinação híbrida F1 AN-Boyovut-2 x S-6524 dessas variedades, o índice microneural foi igual a 4,45, e a herança foi observada no caso de dominância positiva parcial (hp=-1,46). Foi determinado que a amplitude de variabilidade é de 3,3-5,5 e o coeficiente de variação é de 10,1%. Na combinação F1 S-6524 x AN-Boyovut-2, o microneurio de fibras foi em média 4,71 e foi herdado no estado de dominância positiva parcial (hp=0,58). Verificou-se que a amplitude de variação está entre 3,7-5,6, e o coeficiente de variação é de 13,2%. Nas combinações híbridas recíprocas, verificou-se que o índice microneural é herdado em superdominância negativa e dominância parcial.

O índice microneural da variedade Namangan-77 foi de 4,76 em média, e de 4,72 para a variedade Dehkanbob. Na combinação híbrida F1 Namangan-77 x Dehkanbob dessas variedades, o índice microneural médio foi igual a 4,79 e foi observada heterose positiva (hp=2,50).

Verificou-se que a amplitude de variabilidade foi de 3,6-5,5 e o coeficiente de variação foi igual a 13,0%. A combinação F1 Dehqonbob x Namangan-77 apresentou uma média de 4,78 microneuros de fibra, sendo observado o estado de heterose (hp=2,00). A amplitude de variabilidade esteve entre 4,0-5,5, o coeficiente de variação foi igual a 6,5%. Alta dominância foi observada em ambas as combinações recíprocas e a condição é de heterose negativa para escore microneural.

O índice microneural da variedade AN-130 foi igual a 4,32 em média. Na combinação híbrida F1 Namangan-77 x AN-130, o índice microneural médio foi igual a 4,29, e foi observado um estado de dominância extrema negativa (hp=-1,14). Observou-se que a amplitude de variabilidade foi de 3,5-5,0 e o coeficiente de variação foi igual a 9,4%. O microrrênio da fibra da combinação híbrida F1 AN-130 x Namangan-77 foi em média 4,66 e observou-se o estado de heterose positiva parcial (hp=0,55). Verificou-se que a amplitude de variação foi entre 3,8-5,5 e o coeficiente de variação foi igual a 9,3%.

Foi observada dominância negativa parcial nas combinações recíprocas, e a condição foi determinada como dominância positiva parcial para índice microneural (tabela 4.1.). Na combinação de F2 AN-Boyovut-2 x S-6524, o índice microneural médio é igual a 4,54, o coeficiente de transmissão de geração para geração é h2=0,70, a amplitude de variação é 4,4-5,4, o coeficiente de variação é igual a 25,3%. Na combinação recíproca, determinou-se que a média microneural é de 4,77, o coeficiente de transmissão de geração para geração é h2=0,60, a amplitude de variabilidade está no intervalo de 3,4-5,5 e o coeficiente de variação é igual a 19,3%.

O índice microneural da combinação híbrida F2 das variedades Namangan-77 e Dehkanbob foi, em média, de 4,76, o coeficiente de transmissão h2=0,54, a amplitude de variação foi de 3,1-5,4 e o coeficiente de variação foi igual a 16,2%. Na combinação recíproca destas variedades, observou-se que o índice microneural era, em média, de 4,77, o coeficiente de transmissão de geração para geração h2=0,71, a amplitude de variação estava na gama de 3,95,5 e o coeficiente de variação era igual a 18,6%.

A combinação F2 Namangan-77 x AN-130 teve um índice microneural médio de 4,81, o coeficiente de transmissão de geração para geração foi h2=0,51, a amplitude de variação foi de 3,6-5,3 e o coeficiente de variação foi igual a 11,2%. Na combinação recíproca, o índice microneural médio foi de 4,68, o coeficiente de transmissão de geração para geração foi h2=0,59, a amplitude de variação foi entre 3,9-5,3, e observou-se que o coeficiente de variação foi igual a 14,2%.

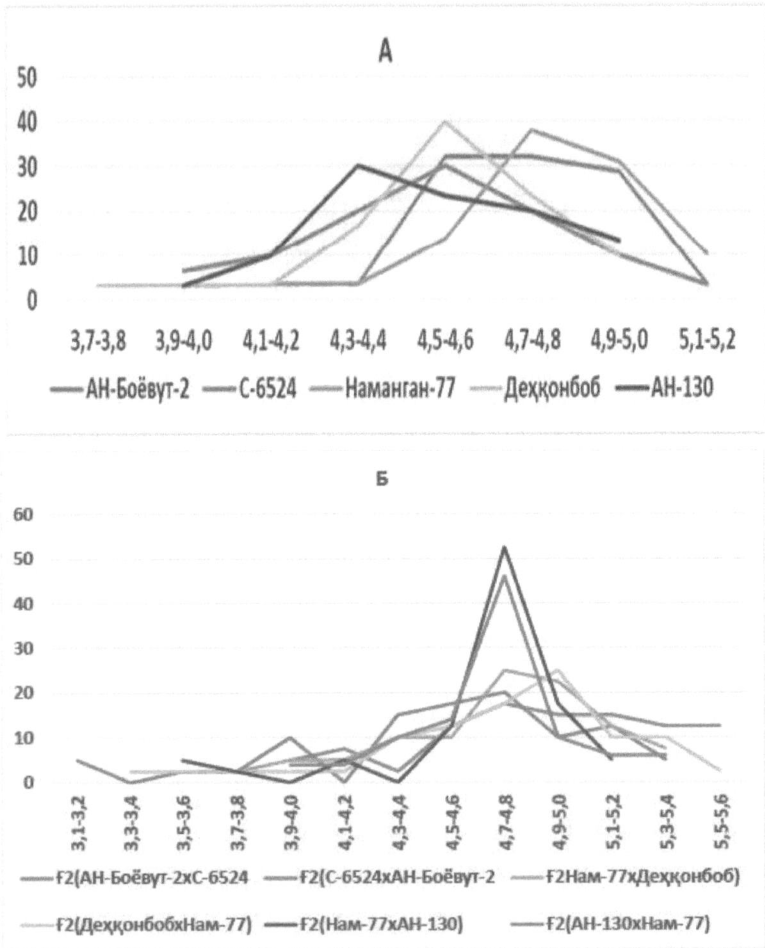

Amplitude de variação do índice microneural da fibra nas formas parentais (A) e seus híbridos F2 (B)

Como resultado, observou-se que o índice microneural da fibra estudado foi herdado em plantas F1 principalmente em superdominância negativa, superdominância positiva e estado positivo parcial. Nas plantas F2, o coeficiente de transmissão do índice microneural da fibra de geração para geração foi igual a h2=0,51-0,71, o que mostrou que 51-71% do caráter analisado é herdado pelo genótipo da forma híbrida, 29-49% pela influência do ambiente externo.

Os resultados analíticos do estado de variação na segunda geração do índice microneural da fibra nestas plantas mostraram diferentes manifestações de separação nas combinações direita e inversa. Nas combinações F2, a amplitude de variação do índice microneural da fibra abrangeu 8-12 classes. Em todas as combinações, observou-se que o estado de transgressão se desviou para a forma que participou como pai, e em todas as combinações correspondeu a classes modais com indicadores de 4,7-4,8 (Fig. 4.1).

A variedade S-6524 apresentou bons resultados em comparação com outras variedades de acordo com o índice microneural da fibra. Nos híbridos, verificou-se que a combinação de F1 Namangan-77 x AN-130 apresentou um resultado mais elevado do que as formas parentais.

§ 1.2 Hereditariedade e variabilidade da caraterística relativa de resistência à rotura (Str)

A resistência à rutura comparativa - este sinal foi de 29,8 gs/tex na variedade AN- Boyovut-2, 32,1 gs/tex na variedade S-6524. A combinação híbrida F1 AN- Boyovut-2 x S-6524 destas variedades cruzadas pelo método recíproco foi igual a 32,7 gs/tex e surgiu o fenómeno da heterose positiva (hp=1,52). A amplitude de variabilidade foi de 20,1-34,4 e o coeficiente de variação foi de 5,4%. Na combinação recíproca, o sinal da força de rotura relativa foi, em média, de 27,3 gs/tex, e a heterose negativa (hp=-3,17) também foi observada nesta combinação. Verificou-se que a amplitude da variabilidade foi de 23,1-30,6 gs/tex, o coeficiente de variação foi de 7,4%. Nos resultados do sinal comparativo da resistência à rotura, observou-se uma vantagem total positiva (hp=1,52) e negativa (hp=-3,17) nas combinações recíprocas das variedades de algodão AN-Boyovut- 2 e S-6524.

O índice relativo de resistência à rotura da variedade Namangan-77 foi, em média, de 27,3 gs/tex, e o da variedade Dehkanbob foi igual a 27,4 gs/tex. Na combinação híbrida F1 Namangan-77 x Dehqanbob, o índice médio de resistência à rutura foi de 27,4 gs/tex e observou-se o fenómeno de dominância positiva completa (hp=1,00). Verificou-se que a amplitude da variabilidade foi de 20,0-31,4 e o coeficiente de variação foi igual a 10,6%. A combinação F1 Dehqanbob x Namangan-77 teve uma resistência média à tração de 27,2 gs/tex e foi observada heterose positiva (hp=3,00). A amplitude da variabilidade foi de 17,1-32,1 gs/tex, e o coeficiente de variação foi igual a 8,9%.

A resistência média à tração do grau AN-130 foi igual a 32,9 gs/tex. Na combinação híbrida F1 Namangan-77 x AN-130, o índice médio de resistência à rutura foi de 33,8 gs/tex e foi observado um fenómeno de heterose positiva (hp=1,32). Observou-se que a amplitude de variabilidade foi de 27,0-39,6 gs/tex e o coeficiente de variação foi igual a 7,8%. A força relativa de quebra da combinação híbrida recíproca de cultivares foi em média de 28,0 gs/tex, e observou-se dominância negativa parcial (hp=-0,75). Verificou-se que a amplitude de variabilidade situou-se entre 17,8-33,8, e o coeficiente de variação foi igual a 11,1% (tabela 4.2.).

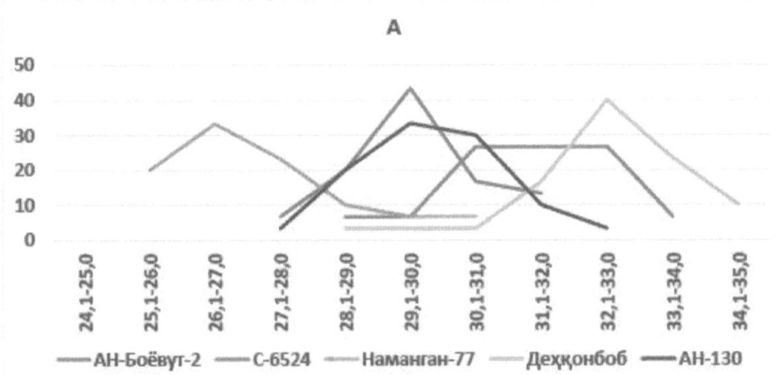

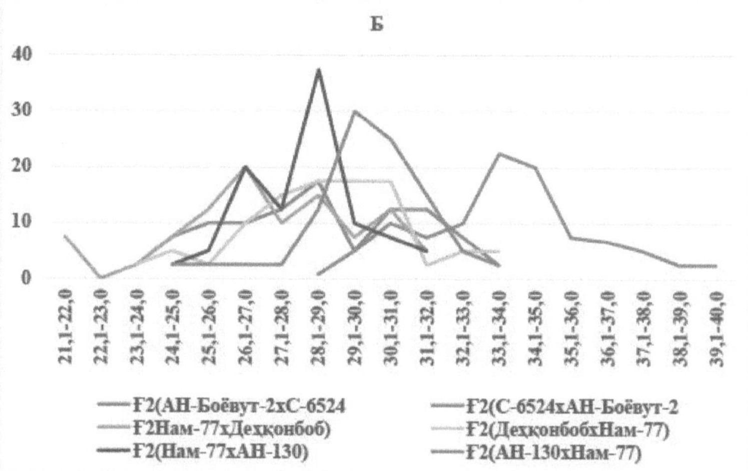

Figura 4.2 A extensão da variação no sinal da resistência específica à rotura nas formas parentais (A) e nos seus híbridos F2 (B)

Herança da caraterística comparativa da força de fratura em híbridos Fl e F2

№	Combinações de variedades e híbridos	n	limite	M±m гс/текс.	o	V%	Hp	Ir
1	AN-Boyovut-2	30	27,9-31,7	29,8±0,24	1,05	3,5		
2	Fl AN-Boyovut-2xS-6524	30	27,6-34,4	32,l±0,26	1,17	3,6		
3	F2 AN-Boyovut-2xS-6524	30	25,1-31,0	27,3±0,33	1,48	5,4		
4	Fi C-6524xAH- Boyovut -2	30	25,2-29,5	27,4±0,24	1,08	3,9		
5	F_2 C-6524X AN-Boyovut -2	30	27,9-32,3	32,9±0,19	0,87	2,6		
6	C-6524	40	20,1-34,4	32,7±0,39	1,76	5,4	1,52	
7	Dehqonbob	120	23,7-33,6	28,6±1,17	5,23	18,3		0,75
8	Fi Naman-77x Dehqonbob	40	23,1-30,6	27,3±0,45	2,0	7,4	-3,2	
9	F_2 Naman-77x Dehqonbob	120	27,1-40,0	33,9±l,06	4,75	14,0		0,70
10	Fi Dehqonbob xNaman77	40	20,0-31,4	27,4±0,65	2,89	10,6	1,00	
11	F_2 DehqonbobxNaman-77	120	21,1-31,3	27,1±1,21	5,41	19,9		0,66
12	Namangan-77	40	17,1-32,1	27,5±0,55	2,44	8,9	3,00	
13	F i Namangan -7 7xAH-130	120	23,7-33,6	28,7±l,00	4,45	15,5		0,63
14	F_2 Namangan -77xAH-130	40	27,0-39,6	33,8±0,59	2,65	7,8	1,32	
15	Fi AH-13Ox Namangan -77	120	24,2-31,7	28,l±0,71	3,20	11,4		0,48
16	F_2 AH-130x Namangan -77	40	17,8-33,8	28,0±0,73	3,25	11,1	-0,75	
17	AH-130	120	25,3-33,1	30,0±0,96	4,30	14,3		0,57

A combinação híbrida F2 das variedades AN-Boyovut-2 e S-6524 tem uma resistência média à rotura de 28,6 gs/tex, o coeficiente de transmissão h2=0,75, a amplitude de variação é de 23,733,6 gs/tex tex, observou-se que o coeficiente de variação foi de 18,3%. Na combinação recíproca, a resistência média à rutura foi de 33,9 gs/tex, o coeficiente de transmissão h2=0,70, a amplitude de variação situou-se no intervalo de 27,1-40,0, e observou-se que o coeficiente de variação foi igual a 14,0%.

Na combinação de F2 Namangan-77 x Dehkanbob, o indicador médio da força de rotura é igual a 27,1 gs/tex, o coeficiente de transmissão h2=0,66, a amplitude de variação é de 21,131,3 gs/tex, o coeficiente de variação é de 19, constituindo 9%. Na combinação recíproca, a força de rutura média foi de 28,7 gs/tex, o coeficiente de transmissão de geração para geração foi de h2=0,63, a amplitude de variação situou-se no intervalo de 23,7-33,6 gs/tex e o coeficiente de variação foi de 15,5%.

Na combinação F2 das variedades Namangan-77 e AN-130, o indicador relativo de resistência à rotura tem uma média de 28,1 gs/tex, o coeficiente de transmissão de geração para geração é h2=0,48, a amplitude de variação é de 24,2-31,7 gs/tex e o coeficiente de variação foi igual a 11,4%. Na combinação recíproca destas variedades, o indicador da força de rotura relativa é igual a 30,0 gs/tex em média, e o coeficiente de transmissão h2=0,57. A amplitude de variabilidade situou-se entre 25,333,1 gs/tex, e observou-se que o coeficiente de variação foi igual a 14,3% (quadro 4.2.).

Nas combinações F2, a gama de variação em termos do sinal relativo de resistência à rotura abrangeu 8-12 classes. Registou-se uma transgressão para a direita nas combinações recíprocas AN-Boyovut-2 x S-6524 e Namangan-77 x Dehkanbob, e na combinação AN-130 x Namangan-77. A combinação híbrida 50 S-6524 x AN-Boyovut-2 apresentou o valor mais elevado (33,9 gs/tex) em termos de resistência relativa à rotura, tendo-se formado uma ampla gama de variabilidade transgressiva (Figura 4.2).

4.3. Hereditariedade e variabilidade da caraterística comprimento médio elevado (Len)

De acordo com a marca superior de comprimento médio, a variedade AN-Boyovut-2 foi de 1,09 polegadas, e a variedade S-6524 foi de 1,11 polegadas. Na combinação híbrida F1 AN-Boyovut-2 x S-6524 obtida por cruzamento recíproco destas cultivares, esta caraterística foi em média de 1,08 polegadas e ocorreu o fenómeno de heterose negativa (hp=-2,00). A amplitude de variação foi de 1,00-1,17 polegadas e o coeficiente de variação foi de 4,1%. Na combinação recíproca, o marcador de comprimento médio alto foi em média de 1,11 polegadas e uma condição de dominância positiva (hp=1,00) foi observada nesta combinação. A amplitude de variação foi encontrada na faixa de 1,01-1,20 polegadas, com um coeficiente de variação de 4,3%.

A variedade Namangan-77 teve uma marca de comprimento médio de 1,07 polegadas, enquanto a variedade Dehkanbob teve uma média de 1,08 polegadas. A combinação híbrida F1 Namangan-77 x Dehqanbob teve uma marca de comprimento médio elevada com uma média de 1,12 polegadas e foi observado um fenómeno de heterose positiva (hp=9,00). Foi determinado que a amplitude de variabilidade foi de 1,05-1,22 e o coeficiente de variação foi igual a 4,0%. A combinação F1 Dehqonbob x Namangan-77 apresentou um marcador de comprimento médio alto, com média de 1,10 polegadas e foi observada uma condição de heterose positiva (hp=5,00). A amplitude de variação ficou na faixa de 0,99-1,18 polegadas e o coeficiente de variação foi igual a 4,6%. Em ambas as combinações, foi observado um estado de dominância positiva extrema sobre a forma parental.

A marca de comprimento médio alto da variedade AN-130 foi em média de 1,12 polegadas. Na combinação híbrida F1 Namangan-77 x AN-130, a marca de comprimento médio alto foi em média de 1,08 polegadas e foi observado um fenómeno de dominância negativa parcial (hp=-0,60). Foi observado que

a amplitude de variação foi de 0,98-1,16 polegadas e o coeficiente de variação foi de 4,6%. A combinação híbrida F1 AN-130 x Namangan-77 teve um marcador de comprimento médio elevado de 1,11 polegadas em média e foi observada uma condição de dominância positiva parcial (hp=0,60). A amplitude de variação foi encontrada entre 1,06-1,18 polegadas, com um coeficiente de variação de 2,4%.

A combinação F2 AN-Boyovut-2 x S-6524 teve o marcador de comprimento médio mais alto com uma média de 1,09 polegadas, o coeficiente de hereditariedade h2=0,50, a amplitude de variação foi de

1,02-1,16 polegadas, e a variação foi determinada como sendo igual a 5,8%. O marcador de comprimento médio alto da combinação recíproca teve uma média de 1,09 polegadas, o coeficiente de hereditariedade h2=0,58, a amplitude de variação foi de 1,02 a 1,19 e o coeficiente de variação foi de 7,0%.

Herança da caraterística de comprimento médio elevado em híbridos Fl e F2

№	Combinações de variedades e híbridos	n	Limite	M±m, дюйм	o	V%	Hp	Ir
1	AN-Boyovut-2	30	1,04-1,13	1,09±0,06	0,025	2,3		
2	Fl AN-Boyovut-2xS-6524	30	1,04-1,15	1,ll±0,05	0,025	2,2		
3	F2 AN-Boyovut-2xS-6524	30	1,02-1,13	1,07±0,07	0,03	2,8		
4	Fi C-6524xAH- Boyovut -2	30	1,05-1,11	1,08±0,04	0,018	1,7		
5	F_2 C-6524x AN-Boyovut -2	30	1,07-1,17	1,12±0,06	0,027	2,4		
6	C-6524	40	1,00-1,17	1,08±0,01	0,044	4,1	-2,00	
7	Dehqonbob	120	1,02-1,16	1,09±0,01	0,063	5,8		0,50
8	Fi Naman-77x Dehqonbob	40	1,01-1,20	1,ll±0,01	0,047	4,3	1,00	
9	F_2 Naman-77x Dehqonbob	120	1,02-1,19	1,09±0,02	0,076	7,0		0,58
10	Fi Dehqonbob xNaman77	40	1,05-1,22	1,12±0,01	0,045	4,0	9,00	
11	F_2 DehqonbobxNaman-77	120	1,02-1,25	1,11 ±0,02	0,107	9,6		0,71
12	Namangan-77	40	0,99-1,18	1,10±0,01	0,051	4,6	5,00	
13	F i Namangan -7 7xAH-130	120	1,05-1,17	1,ll±0,01	0,059	5,4		0,45
14	F_2 Namangan -77xAH-130	40	0,98-1,16	1,08±0,01	0,049	4,6	-0,60	
15	Fi AH-13Ox Namangan -77	120	1,04-1,16	1,09±0,02	0,066	6,1		0,47
16	F_2 AH-13Ox Namangan -77	40	1,06-1,18	1,ll±0,01	0,027	2,4	0,60	
17	AH-130	120	1,02-1,18	1,11 ±0,02	0,071	6,3		0,60

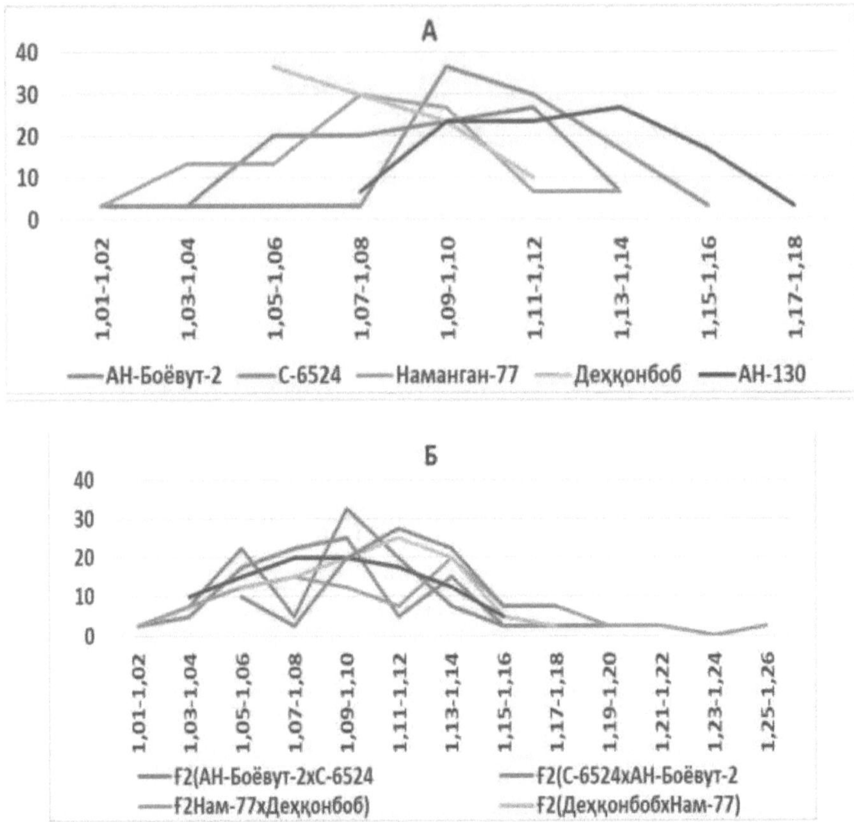

Figura 4.3. A extensão da variação da caraterística comprimento médio superior nas formas parentais (A) e nas suas plantas F2 (B)

Na combinação F2 Namangan-77 x Dehqanbob, a marca de comprimento médio elevado é de 1,11 polegadas em média, o coeficiente de transmissão de geração para geração é h2=0,71, a amplitude de variação é de 1,02-1,25 polegadas, o coeficiente de variação é de 9.6% fez Na combinação recíproca, a marca de comprimento médio elevado foi em média de 1,11 polegadas, o coeficiente de hereditariedade (h2=0,45), a amplitude de variação variou de 1,05 a 1,17 polegadas, e o coeficiente de variação foi de 5,4%. foi encontrado para ser igual.

Na combinação F2 Namangan-77 x AN-130, a marca teve uma

média de 1,09 polegadas, h2=0,47, a amplitude de variação foi de 1,041,16 polegadas e o coeficiente de variação foi igual a 6,1%. Na combinação recíproca, a média foi igual a 1,11 polegadas, h2=0,60, a amplitude de variação situou-se no intervalo de 1,02-1,18 polegadas, e observou-se que o coeficiente de variação foi igual a 6,3% (tabela.4.3.).

O coeficiente de hereditariedade (h2) da caraterística de comprimento médio elevado nas combinações recíprocas F2 foi de 0,45 a 0,71, o que indica que 45-71% da caraterística analisada é herdada pelo genótipo, 29-55% pela influência do ambiente externo. A amplitude de variação da caraterística estudada nas combinações da geração F2 abrangeu 7-13 classes. Na combinação AN-130 x Namangan-77, ocorreu uma transgressão do lado direito, e em outras combinações, ocorreu uma transgressão do lado esquerdo (Fig. 4.3). Como resultado, recombinantes de fibra tipo IV foram isolados da combinação AN-130 x Namangan-77.

Assim, verificou-se que uma das caraterísticas mais importantes da fibra, a caraterística de alto comprimento médio, é herdada dependendo do genótipo das formas parentais envolvidas na hibridação. Formas transgressivas com um marcador de comprimento médio alto (1,11-1,18 polegadas) isoladas de plantas F2 servem como fonte inicial para o desenvolvimento de linhas e cultivares de algodão Tipo IV.

4.4. Herdabilidade e variabilidade do índice de uniformidade de comprimento (Unf).

De acordo com o índice de uniformidade de comprimento, a variedade AN-Boyovut-2 foi de 84,4%, a variedade S-6524 foi de 84,1%. Na combinação híbrida F1 AN-Boyovut-2 x S-6524 destas variedades cruzadas pelo método recíproco, este sinal foi em média igual a 83,9% e surgiu o fenómeno da heterose negativa (hp=-2,33). A amplitude de variabilidade situou-se entre 81,9-85,8% e o coeficiente de variação foi igual a 1,4%. Na combinação F1 S-6524 x AN- Boyovut-2, o índice de homogeneidade de comprimento foi de 84,6% em média, e a heterose positiva (hp=2,33) foi observada nesta combinação. Observou-se que a amplitude de variação ficou na faixa de 83,0-86,7%, e o coeficiente de variação foi de 1,2%.

Nas combinações recíprocas de F1 Namangan-77 x Dehqanbob, o índice de uniformidade de comprimento foi de 84,3 e 83,9%, o coeficiente de dominância foi igual a hp=3,00 e hp=1,40, e observou-se que teve alta dominância e heterose associada à situação.

O índice de uniformidade de comprimento da variedade AN-130 foi igual a 84,5% em média. Na combinação híbrida F1 Namangan-77 x AN-130, o marcador do índice de uniformidade de comprimento foi em média 83,9% e observou-se o fenómeno de herdabilidade intermédia negativa (hp=-0,08). Observou-se que a amplitude de variação ficou entre 81,0-86,0% e o coeficiente de variação foi igual a 1,6%. A combinação híbrida F1 AN-130 x Namangan-77 retrocruzada apresentou um índice de uniformidade de comprimento médio de 84,6% e foi observada uma condição de dominância completa positiva (hp=1,00).

Herança da caraterística índice de uniformidade de comprimento em híbridos Fl e F2

№	Combinações de variedades e híbridos	n	Limite	M±m, %	o	V%	hp	h^2
1	AN-Boyovut-2	30	83,1-85,6	84,4±0,13	0,58	0,7		
2	Fl AN-Boyovut-2xS-6524	30	82,7-85,6	84,l±0,20	0,87	1,0		
3	F2 AN-Boyovut-2xS-6524	30	78,7-84,9	83,3±0,26	1Д5	1,4		
4	ri C-6524xAH- Boyovut -2	30	81,9-85,7	83,8±0,17	0,75	0,9		
5	F_2 C-6524x AN-Boyovut -2	30	82,6-86,3	84,6±0,16	0,72	0,9		
6	C-6524	40	81,9-85,8	83,9±0,27	1,21	1,4	-2,33	
7	Dehqonbob	120	80,9-85,2	83,5±0,40	1,79	2,1		0,50
8	Fi Naman-77x Dehqonbob	40	83,0-86,7	84,6±0,23	1,01	1,2	2,33	
9	F_2 Naman-77x	120	78,9-85,7	83,8±0,58	2,59	3,1		0,68

	Dehqonbob							
10	Fi Dehqonbob xNaman77	40	80,7-86,6	84,3±0,28	1,25	1,5	3,00	
11	F_2 DehqonbobxNaman-77	120	81,3-85,7	83,7±0,54	2,40	2,9		0,56
12	Namangan-77	40	81,9-85,8	83,9±0,24	1,08	1,3	1,40	
13	Fi Namangan -77xAH-130	120	81,9-86,1	84,0±0,43	1,91	2,3		0,48
14	F_2 Namangan -77xAH-130	40	81,0-86,0	83,9±0,30	1,32	1,6	-0,08	
15	Fi AH-130x Namangan -77	120	81,4-86,0	83,8±0,50	2,24	2,7		0,53
16	F_2 AH-130X Namangan -77	40	82,5-86,3	84,6±0,23	1,03	1,2	1,00	
17	AH-130	120	83,0-85,7	84,4±0,34	1,51	1,8		0,36

As variedades AN-Boyovut-2 e S-6524 na combinação F2 têm uma média de 83,5% de acordo com o índice de uniformidade de comprimento, e o coeficiente de transmissão de geração para geração é h2=0,50. Observou-se que a amplitude de variação estava na faixa de 80,9-85,2% e o coeficiente de variação foi igual a 2,1%. Na combinação recíproca, o índice de uniformidade de comprimento foi, em média, de 83,8%, o coeficiente de hereditariedade h2=0,68, a amplitude de variação situou-se no intervalo de 78,9-85,7%, e observou-se que o coeficiente de variação foi igual a 3,1% .

Na combinação F2 Namangan-77 x Dehqanbob, o índice de uniformidade de comprimento é de 83,7% em média, o coeficiente de hereditariedade h2=0,56, a amplitude de variação é de 81,3-85,7 polegadas, o coeficiente de variação é de 2,9% organizado. Na combinação recíproca, o índice de uniformidade de comprimento é igual a 84,0% em média, o coeficiente de transmissão de geração para geração é h2=0,48, a amplitude de variação é 81,9-85,8 polegadas, e o coeficiente de variação é igual a 2,3% .

Na combinação híbrida das variedades Namangan-77 e AN-130, o índice de homogeneidade de comprimento teve uma média de

83,8%, o coeficiente de transmissão h2=0,53, a amplitude de variação foi de 81,4-86,0% e o coeficiente de variação foi igual a 2,7%. No híbrido recíproco, o índice de homogeneidade de comprimento foi igual a 84,4% em média, o coeficiente de transmissão de geração para geração foi h2=0,36, a amplitude de variação foi na faixa de 83,0-85,7%, e o coeficiente de variação foi 1,8% foi observado ser igual (tabela.4.4.).

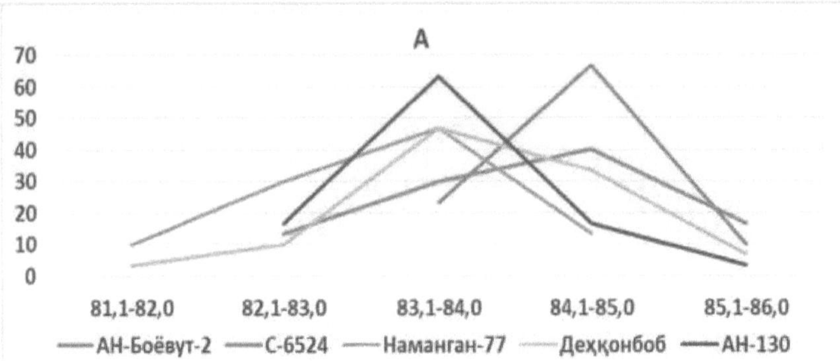

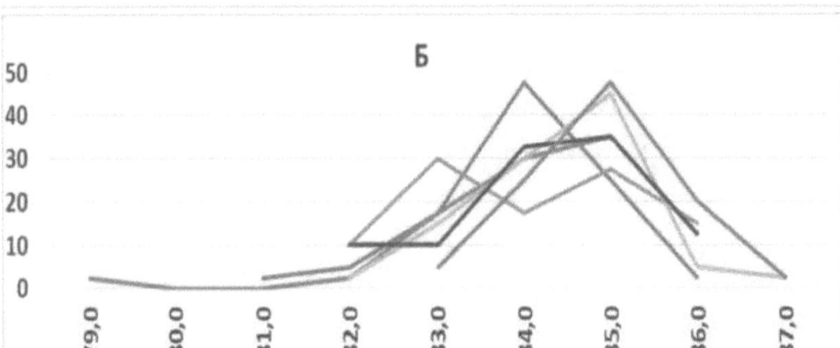

Figura 4.4. Extensão da variação do índice de homogeneidade longitudinal nas formas parentais (A) e nos seus híbridos F2 (B)

De acordo com o índice de uniformidade do comprimento da fibra, foram observadas 1 heterose negativa, 1 dominância completa, 1 dominância menor negativa e 3 heteroses positivas entre as combinações F1.

Nas combinações recíprocas F2, o coeficiente de transmissão da caraterística índice de homogeneidade de comprimento foi igual a h2=0,36-0,68, o que indica que 36-68% da caraterística analisada é herdada pelos 59
genótipo da forma híbrida, 32,0-64% por influência do ambiente externo.

Nas plantas F2, a gama de variação do carácter índice de uniformidade de comprimento abrangeu 7-13 classes. Nas combinações AN-Boyovut-2 x S-6524, Namangan-77 x Dehqanbob, Namangan-77 x AN-130, ocorreu uma situação de transgressão do lado direito e transgressão do lado esquerdo em combinações recíprocas. Foi comprovado que em híbridos recíprocos de acordo com este sinal, o pai desvia-se em direção à forma (Fig. 4.4).4.5. Калта толалар индексы (SFI) белгисининг ирсийланиши ва узгарувчанлиги

O índice de fibras curtas é o comprimento das fibras na amostra que são mais curtas do que 12,7 mm (0,5 polegadas) de comprimento, expresso em percentagem (%). De acordo com este indicador, a variedade AN-Boyovut-2 foi de 4,35%, e a variedade S-6524 foi de 4,71%. Na combinação híbrida F1 AN-Boyovut-2 x S-6524 dessas variedades cruzadas pelo método recíproco, esse sinal foi igual a 4,48% em média, e foi observado um estado de dominância negativa parcial (hp=-0,28). A amplitude da variabilidade foi da ordem de 3,5-10,6% e o coeficiente de variação foi igual a 12,3%. Na combinação F1 retrocruzada S- 6524 x AN-Boyovut-2, o índice médio de fibras curtas foi de 6,02%, e essa combinação apresentou heterose positiva (hp=8,28). Observou-se que a amplitude de variação ficou na faixa de 3,56,6%, e o coeficiente de variação foi de 28,7%.

O índice de fibras curtas do grau Namangan-77 foi de 6,19% e o do grau Dehkanbob foi de 5,78%. Na combinação híbrida F1 Namangan-77 x Dehqanbob dessas variedades, o índice médio de fibras curtas foi de 5,12% e foi observada heterose negativa (hp=-

4,22). Verificou-se que a amplitude de variabilidade foi de 3,5-10,8% e o coeficiente de variação foi igual a 33,6%.

A combinação F1 retrocruzada Dehqonbob x Namangan-77 apresentou um índice médio de fibras curtas de 5,40% e heterose negativa (hp=-2,85). A amplitude da variabilidade estava na faixa de 3,5-9,5%, e o coeficiente de variação foi igual a 28,4%.

O índice médio de fibras curtas da classe AN-130 foi de 4,99%. Na combinação híbrida F1 Namangan-77 x AN-130, o sinal do índice de fibras curtas foi em média de 5,15% e observou-se que foi herdado em um estado de dominância negativa parcial (hp=-0,73). Observou-se que a amplitude de variação esteve entre 3,8-10,6%, e o coeficiente de variação foi igual a 25,5%. O carácter índice de fibras curtas da combinação híbrida recíproca foi, em média, de 6,09% e observou-se que é herdado no caso de dominância positiva parcial (hp=0,83). Verificou-se que a amplitude de variação foi entre 3,5-9,1 e o coeficiente de variação foi igual a 30,4%.

Na segunda geração da combinação híbrida das variedades AN-Boyovut-2 e S-6524, o índice médio de fibras curtas é de 5,98%, o coeficiente de transmissão de geração para geração é h2=0,75, a amplitude de variação está na faixa de 3,5-9,1% e o coeficiente de variação foi igual a 42,0%. Na combinação recíproca, observou-se que o sinal do índice de fibras curtas era, em média, de 5,72%, o coeficiente de hereditariedade h2=0,66, a amplitude de variação estava na faixa de 3,5-8,3% e o coeficiente de variação era igual a 52,1%.

Herança da caraterística de índice de fibras curtas em híbridos Fl e F2

№	Combinações de variedades e híbridos	n	limite	M±m, %	E	V%	Hp	Ir
1	AN-Boyovut-2	30	3,5-5,7	4,35±0,14	0,64	14,7		
2	Fl AN-Boyovut-2xS-6524	30	3,5-6,0	4,71±0,16	0,72	15,2		
3	F2 AN-Boyovut-2xS-6524	30	4,4-8.2	6,19±0,27	1,21	19,6		

4	ri C-6524xAH- Boyovut -2	30	4,4-7,5	5,78±0,15	0,69	11,9		
5	F_2 C-6524x AN- Boyovut -2	30	3,5-6,6	4,99±0,17	0,77	15,5		
6	C-6524	40	3,5-10,6	4,48±0,12	0,55	12,3	-0,28	
7	Dehqonbob	120	3,5-9,1	5,98±0,56	2,51	42,0		0,75
8	Fi Naman-77x Dehqonbob	40	3,5-6,6	6,02±0,39	1,73	28,7	8,28	
9	F_2 Naman-77x Dehqonbob	120	3,5-8,3	5,72±0,67	2,98	52,1		0,66
10	Fi Dehqonbob xNaman77	40	3,5-10,8	5,12±0,38	1,72	33,6	-4,22	
11	F_2 DehqonbobxNaman-77	120	3,5-10,8	6,21±0,90	4,01	64,6		0,70
12	Namangan-77	40	3,5-9,5	5,40±0,34	1,53	28,4	-2,85	
13	Fi Namangan -77xAH-130	120	3,5-9,4	5,22±0,51	2,27	43,4		0,50
14	F_2 Namangan -77xAH-130	40	3,8-10,6	5,15±0,29	1,30	25,5	-0,73	
15	Fi AH-13Ox Namangan -77	120	3,5-8,7	5,66±0,62	2,78	49,0		0,61
16	F_2 AH-130x Namangan -77	40	3,5-9,1	6,09+0,41	1,85	30,4	0,83	
17	AH-130	120	3,5-6,8	4,98±0,41	1,85	37,1		0,31

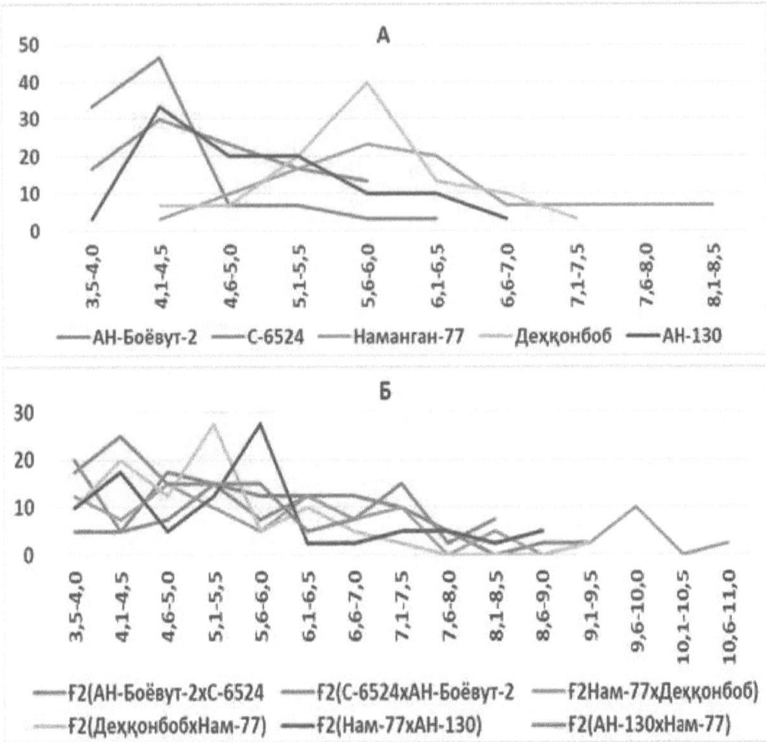

Figura 4.5. A extensão da variabilidade do marcador de índice de fibras curtas nas formas parentais (A) e seus híbridos F2 (B)

Na combinação de F2 Namangan-77 x Dehkanbob, o índice de fibras curtas foi igual a 6,21% em média, o coeficiente de transmissão de geração para geração foi h2=0,70, a amplitude de variação foi entre 3,5-10,8%, e o coeficiente de variação foi de 64,6%. Na combinação recíproca, o índice de fibras curtas foi, em média, de 5,22%, o coeficiente de transmissão de geração para geração foi de h2=0,50, a amplitude de variação foi de no intervalo de 3,5-9,4%, e o coeficiente de variação foi igual a 43,4%.

Na combinação F2 Namangan-77 x AN-130, o índice de fibras curtas teve uma média de 5,66%, o coeficiente de transmissão de geração para geração foi h2=0,615, a amplitude de variação foi 3,5-8,7%, e o coeficiente de variação foi 49,0 foi igual a %. Na combinação recíproca, o sinal do índice de fibras curtas foi igual a 4,98% em média, o coeficiente de hereditariedade foi h2=0,31, a amplitude de variação foi de 3,5-6,8% e o coeficiente de variação foi igual a 37,1% (tabela 4.5.).

De acordo com o índice de fibras curtas, foi observada heterose negativa em 2 das combinações F1, heterose positiva em 1, dominância negativa parcial em 2 e dominância positiva parcial em 1. Nas combinações recíprocas F2, o coeficiente de transmissão da caraterística índice de fibras curtas foi igual a h2=0,31-0,75, o que indica que 31-75% da caraterística analisada é herdada pelo genótipo, 25-69% pela influência do ambiente externo.

A gama de variação do índice de fibras curtas em plantas F2 abrangeu 7-15 classes. Um caso de transgressão do lado direito foi observado nas combinações AN- Boyovut-2 x S-6524. A maior porcentagem das plantas analisadas (27,5%) foi registrada nas combinações híbridas Dehqanbob x Namangan-77 e Namangan-77 x AN-130, com indicadores modais de 5,1-5,5 e 5,6-6,0%, respetivamente. corresponderam às classes e uma ampla faixa de variação transgressiva foi observada na geração F2 (Fig. 4.5).

4.6. Hereditariedade e variabilidade da caraterística alongamento na rutura (Elg) Alongamento na rutura O alongamento na rutura da fibra no dinamómetro do sistema HVI é expresso em percentagem (%). De acordo com este sinal, a variedade AN-Boyovut-2 fez 8,2%, e a variedade S-6524 fez 8,4%. Na combinação híbrida F1 AN-Boyovut-2 x S-6524, obtida pelo método recíproco de hibridação dessas

Nas variedades de milho, este sinal foi em média igual a 8,6%, e o fenómeno da heterose positiva (hp=3) apareceu. A amplitude de variação foi da ordem de 6,7-10,3% e o coeficiente de variação foi igual a 11,6%. A combinação F1 S-6524 x AN-Boyovut-2 apresentou média de 8,3% para alongamento na rutura e não foi observada herdabilidade (hp=-0,21) nesta combinação. Observou-se que a amplitude de variabilidade ficou na faixa de 6,910,8%, e o coeficiente de variação foi de 12,5%.

A variedade Namangan-77 teve 7,9% de alongamento na rutura, e a variedade Dehkanbob teve 10,0%. A combinação híbrida F1 Namangan-77 x Dehqanbob destas variedades, que foi cruzada pelo método recíproco, teve um alongamento médio na rutura de 8,3%, e foi observado o fenómeno de dominância negativa parcial (hp=-0,62). Verificou-se que a amplitude de variabilidade foi de 6,910,8% e o coeficiente de variação foi igual a 11,0%. A combinação F1 Dehqanbob x Namangan-77 apresentou média de 8,3% e foi observada herança em dominância negativa parcial (hp=-0,62). A amplitude de variabilidade ficou na faixa de 6,1-11,2% e o coeficiente de variação foi igual a 24,3%.

O alongamento na rutura da classe AN-130 foi igual a 10,0% em média. Na combinação híbrida F1 Namangan-77 x AN-130, o alongamento na rutura foi, em média, de 9,6% e foi observada herança no caso de dominância positiva parcial (hp=0,62). Observou-se que a amplitude de variação foi entre 7,3-11,9%, e o coeficiente de variação foi igual a 11,4%. O alongamento médio na rutura da combinação híbrida F1 AN-130 x Namangan-77 foi de 9,4% e observou-se que foi herdado no caso de dominância positiva parcial (hp=0,52). A amplitude de variação foi de 7,911,0%, e o coeficiente de variação foi de 9,9%.

A F2 na combinação híbrida AN-Boyovut-2 x S-6524 foi em média igual a 8,1%, observou-se que o coeficiente de transmissão de geração para geração (h2=0,62), a amplitude de variação ficou na faixa de 6,6-10,4%, e o coeficiente de variação foi igual a 20,1%. Na combinação recíproca, a média foi de 8,8%, o coeficiente de hereditariedade h2=0,72, a amplitude de variação situou-se no intervalo de 6,2-10,8%, e observou-se que o coeficiente de variação foi igual a 25,8%.

Na combinação híbrida F2 Namangan-77 x Dehqanbob, o sinal de alongamento na rutura é igual a 8,2% em média, o coeficiente de transmissão de geração para geração é h2=0,47, a amplitude de variação é 6,4-10,6%, e o coeficiente de variação é 25.Na combinação recíproca, a média do carácter foi de 8,5%, o coeficiente de transmissão de geração para geração foi h2=0,45, a amplitude de variação situou-se no intervalo de 6,510,7% e o coeficiente de variação foiFigura 4.5. A extensão da variabilidade do marcador de índice de fibras curtas nas formas parentais (A) e seus híbridos F2 (B)

Na combinação de F2 Namangan-77 x Dehkanbob, o índice de fibras curtas foi igual a 6,21% em média, o coeficiente de transmissão de geração para geração foi h2=0,70, a amplitude de variação foi entre 3,5-10,8%, e o coeficiente de variação foi de 64,6%. Na combinação recíproca, o índice de fibras curtas foi, em média, igual a 5,22%, o coeficiente de transmissão de geração para geração foi h2=0,50, a amplitude de variação situou-se no intervalo de 3,5-9,4% e o coeficiente de variação foi igual a 43,4%.

Na combinação F2 Namangan-77 x AN-130, o índice de fibras curtas teve uma média de 5,66%, o coeficiente de transmissão de geração para geração foi h2=0,615, a amplitude de variação foi 3,5-8,7%, e o coeficiente de variação foi 49,0 foi igual a %. Na combinação recíproca, o sinal do índice de fibras curtas foi igual a 4,98% em média, o coeficiente de hereditariedade foi h2=0,31, a amplitude de variação foi de 3,5-6,8% e o coeficiente de variação foi igual a 37,1% (tabela 4.5.).

De acordo com o índice de fibras curtas, foi observada heterose negativa em 2 das combinações F1, heterose positiva em 1, dominância negativa parcial em 2 e dominância positiva parcial em 1. Nas combinações recíprocas F2, o coeficiente de transmissão da caraterística índice de fibras curtas foi igual a h2=0,31-0,75, o que indica que 31-75% da caraterística analisada é herdada pelo genótipo, 25-69% pela influência do ambiente externo.

A gama de variação do índice de fibras curtas em plantas F2 abrangeu 7-15 classes. Um caso de transgressão do lado direito foi observado nas combinações AN- Boyovut-2 x S-6524. A percentagem mais elevada das plantas analisadas (27,5%) foi registada nas combinações híbridas Dehqanbob x Namangan-77 e Namangan-77 x AN-130, com indicadores modais de 5,1-5,5 e 5,6-6,0%, respetivamente. corresponderam às classes e foi observada uma ampla gama de variação transgressiva na geração F2 (Fig. 4.5)

Herança da caraterística alongamento na rotura em plantas Fl e F2

№	Combinações de variedades e híbridos	n	limite	M±m, %	E	V%	hp	Ir
1	AN-Boyovut-2	30	7,1-9,1	8,2±0,09	0,42	5,1		
2	Fl AN-Boyovut-2xS-6524	30	7,5-9,3	8,4±0,10	0,44	5,2		
3	F2 AN-Boyovut-2xS-6524	30	7,0-10,5	7,9±0,23	1,02	12,8		
4	ri C-6524xAH- Boyovut -2	30	8,1-12,0	10,0±0,30	1,36	13,6		
5	F_2 C-6524X AN-Boyovut -2	30	8,4-12,3	10,0±0,21	0,94	9,41		
6	C-6524	40	6,7-10,3	8,6±0,22	1,00	11,6	3,00	
7	Dehqonbob	120	6,6-10,4	8,l±0,37	1,64	20,1		0,62
8	Fi Naman-77x Dehqonbob	40	6,9-10,8	8,3±0,23	1,04	12,5	-0,21	
9	F_2 Naman-77x Dehqonbob	120	6,2-10,8	8,8±0,51	2,26	25,8		0,72
10	Fi Dehqonbob xNaman77	40	6,9-10,8	8,3±0,20	0,91	11,0	-0,62	
11	F_2 DehqonbobxNaman-77	120	6,4-10,6	8,2±0,47	2,08	25,3		0,47
12	Namangan-77	40	6,1-11,2	8,3±0,45	2,02	24,3	-0,62	
13	Fi Namangan -77xAH-130	120	6,5-10,7	8,5±0,60	2,67	31,5		0,45
14	F_2 Namangan -77xAH-130	40	7,3-11,9	9,6±0,24	1,09	11,4	0,62	
15	Fi AH-13Ox Namangan -77	120	7,3-11,9	9,4±0,47	2,09	22,2		0,51
16	F_2 AH-130X Namangan -77	40	7,9-11,0	9,4±0,21	0,93	9,9	0,52	
17	AH-130	120	7,5-10,3	9,2±0,32	1,43	15,6		0,33

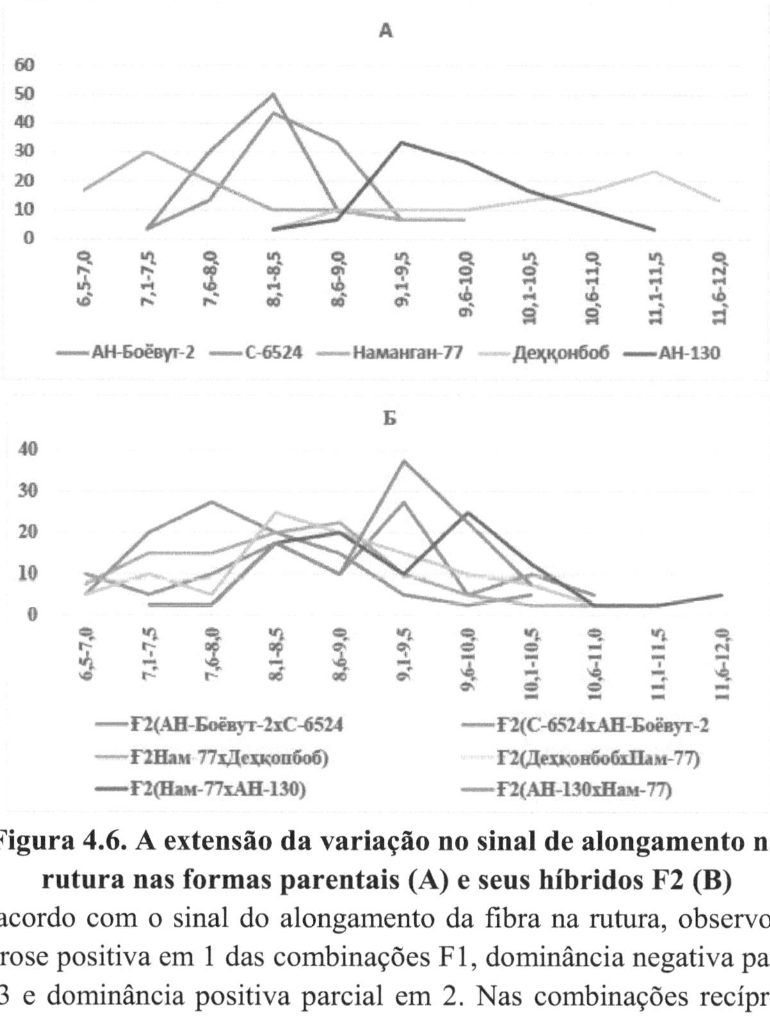

Figura 4.6. A extensão da variação no sinal de alongamento na rutura nas formas parentais (A) e seus híbridos F2 (B)

De acordo com o sinal do alongamento da fibra na rutura, observou-se heterose positiva em 1 das combinações F1, dominância negativa parcial em 3 e dominância positiva parcial em 2. Nas combinações recíprocas F2, o coeficiente de transmissão da caraterística de alongamento na rutura foi igual a h2=0,33-0,72, o que indica que 33-72% da caraterística analisada é herdada pelo genótipo da forma híbrida, 28-67% pela influência do ambiente externo.

Em plantas F2, a faixa de variação do alongamento na rutura abrangeu 7-9 classes. Nas combinações recíprocas de Namangan-77 x AN-130, foi observado um caso de transgressão do lado direito. A maior percentagem de plantas analisadas (37,5%) foi registada na combinação híbrida AN-130 x Namangan-77 e correspondeu a classes modais com indicadores de 9,1-9,5 (Fig. 4.6).

4.7. Herança e variabilidade do tipo de fibra em plantas F1-F2 de cultivares de algodão

As variedades de algodão com fibras dos tipos III, IV e V são cultivadas na área de cultivo de algodão da nossa república. Atualmente, a procura dos tipos de fibra acima referidos é muito elevada no mercado mundial. Existem 9 tipos industriais de fibras de algodão, que são designados da seguinte forma 1a, 1b, 1, 2, 3, 4, 5, 6, 7. Dependendo do indicador de comprimento médio elevado, a fibra das variedades é dividida em diferentes tipos industriais [2010]. O comprimento da fibra em polegadas das variedades de algodão de fibra média varia de 1,11 a 1,17 polegadas para o Tipo 4 e de 1,05 a 1,10 polegadas para o Tipo 5, conforme medido pelo instrumento HVI. Um número mais elevado de polegadas indica o comprimento da fibra e um número mais baixo indica que a fibra é mais curta. Kakhorov I.T., Allambergenov T.D., Kadirova M.R., Kahramonov A.K., Dadajonov J.R. [2013] descobriram que as fibras de tipo 6 e 7 foram encontradas em variedades de algodão sob a influência de medidas agrotécnicas.

As variedades de algodão S-6524 e AN-130 pertencem ao tipo IV, as variedades AN-Boyovut-2, Namangan-77 e Dehkanbob pertencem ao tipo V na nossa investigação. A percentagem mais elevada de plantas estudadas nas variedades AN-Boyovut-2, Namangan-77 e Dehqanbob situava-se entre 1,05 e 1,10 polegadas, 63,4%, 73,3% e 90,0%, respetivamente, e pertenciam ao tipo V. A filiação foi claramente confirmada. As cultivares S-6524 e AN-130 ocuparam 50,0% e 70,0% da faixa de 1,11-1,17 polegadas, respetivamente, e verificou-se que a maioria das plantas estudadas eram típicas do tipo IV (Figura 4.7).

No decurso da nossa investigação, estudámos o tipo de plantas F1 e F2 cruzadas a partir de variedades de algodão com base nos resultados do marcador de comprimento médio elevado determinado pelo centro "Qualidade" da República do Uzbequistão. A combinação F1 AN-Boyovut-2 x S-6524 continha a maior percentagem de plantas estudadas em 5 tipos (57,5). Nesta combinação, 70

O tipo de fibra mais comum era semelhante ao da variedade AN-Boyovut-2 obtida como mãe. O oposto foi observado na combinação híbrida recíproca, ou seja, 55% das plantas contendo 4 tipos foram encontradas próximas da S-6524, a variedade mãe.

As plantas estudadas no híbrido F1 Namangan-77 x Dehqanbob têm os seguintes 3 tipos III, IV, V, as plantas são respetivamente 7,5; 57,5; Foi 35,0%. Nesta combinação híbrida, embora as plantas-mãe pertençam ao tipo V, havia 57,5% de plantas do tipo IV, e observou-se uma dominância do tipo de fibra. As plantas estudadas na combinação híbrida F1 Dehqanbob x Namangan-77 apresentaram-se nos 2 tipos seguintes, tipo IV - 52,5%, tipo V - 47,5%. Nesta combinação híbrida, embora as plantas-mãe pertencessem ao tipo V, verificou-se que as plantas IV eram dominantes.

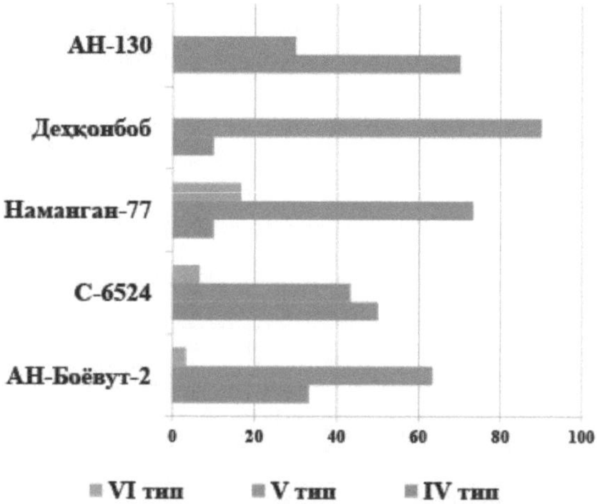

Figura 4.7. O tipo de fibra das formas-mãe

As plantas estudadas na combinação híbrida F1 Namangan-77 x AN-130 estão divididas nas seguintes 3 classes IV; V; Tendo VI tipos, as plantas são respetivamente 35,5; 55,0; Foi 10,0%. Nesta combinação híbrida, observou-se uma dominância de 55,0% das plantas em relação à variedade Namangan-77 obtida como mãe. As plantas estudadas na combinação híbrida F1 AN-130 x Namangan-77 são as seguintes 3

As classes III; IV; Tendo os tipos V, plantas são respetivamente 2,5; 60,0; Foi 37,5%. Nesta combinação híbrida, a superioridade da variedade AN-130 tomada como mãe foi claramente demonstrada (tabela. 4.7.).

Na segunda geração das variedades AN-Boyovut-2 e S-6524, verificou-se que a maioria das plantas era do tipo V (50,0%). Na combinação híbrida recíproca, a maior parte das plantas, ou seja, 65,0%, pertencia ao tipo V.

As plantas estudadas no híbrido F2 Namangan-77 x Dehqanbob apresentam as seguintes 5 classes, as plantas pertencentes aos tipos II, III, IV, V, VI foram observadas e as plantas apresentaram respetivamente 2,5%; 7,5%; 40,0%; 40,0%; foi de 10,0%. Na combinação recíproca, as plantas possuem os tipos III, IV, V, VI, VII, respetivamente 2,5%; 42,5%; 45,0%; 7,5%; foi de 2,5%.

Na combinação híbrida F2 AN-130 x Namangan-77, o tipo de fibra possui 4 classes, e podemos observar que foram observadas plantas pertencentes aos tipos IV, V, VI, VII. As plantas respetivamente 30,0%; 50,0%; 10,0%; foi de 10,0%. Na combinação híbrida recíproca, o tipo de fibra das plantas correspondeu a 4 classes, nomeadamente os tipos III-VI, e a localização das plantas foi de 7,5%, respetivamente; 55,0%; 35,0%; foi igual a 2,5%.

Nos híbridos F2, a gama de variação do tipo de fibra abrangeu 4-5 classes. Nas combinações AN-Boyovut-2 x S-6524, Namangan-77 x Dehqanbob e Namangan-77 x AN-130, foram observados casos de transgressão do lado direito, casos de transgressão do lado esquerdo foram observados em combinações híbridas recíprocas, e verificou-se que o estado de transgressão nas combinações se desvia para a forma que participou como pai. Além disso, foram observadas plantas pertencentes aos tipos II e III nas populações híbridas F2 (Fig. 4.8).

Tipos de fibras de variedades de algodão e seus híbridos Fl e F2

№	Combinações de variedades e híbridos	n	Толанинг саноат типлари								
			la	16	1	2	3	4	5	6	7
			1,33-1,35	1,30-1,32	1,27-1,29	1,24-1.26	1,21-1,23	1,14-1,17	1,08-1,10	1,02-1,04	0,99-1,01
							1,18-	1,11-	1,05-		

							1,20	1,13	1,07		
1	AN-Boyovut-2	30	-	-	-	-	-	33,3	63,4	3,3	-
2	Fl AN-Boyovut-2xS-6524	30	-	-	-	-	-	50,0	43,3	6,7	-
3	F2 AN-Boyovut-2xS-6524	30						10,0	73,3	16,7	-
4	ri C-6524xAH-Boyovut -2	30						10,0	90,0	-	-
5	F_2 C-6524x AN-Boyovut -2	30						70,0	30,0	-	-
6	C-6524	40						25,0	57,5	12,5	5,0
7	Dehqonbob	120					2,5	42,5	50,0	5,0	
8	Fi Naman-77x Dehqonbob	40					2,5	55,0	42,5		
9	F_2 Naman-77x Dehqonbob	120					2,5	25,0	65,0	7,5	
10	Fi Dehqonbob xNaman77	40					7,5	57,5	35,0	-	-
11	F_2 DehqonbobxNaman-77	120				2,5	7,5	40,0	40,0	10,0	
12	Namangan-77	40						52,5	47,5		
13	Fi Namangan -77xAH-130	120					2,5	42,5	45,0	7,5	2,5
14	F_2 Namangan -77xAH-130	40						35,0	55,0	10,0	
15	Fi AH-130x Namangan -77	120						30,0	50,0	10,0	10,0
16	F_2 AH-130X Nmangan -77	40					2,5	60,0	37,5	-	-
17	AH-130	120					7,5	55,0	35,0	2,5	-

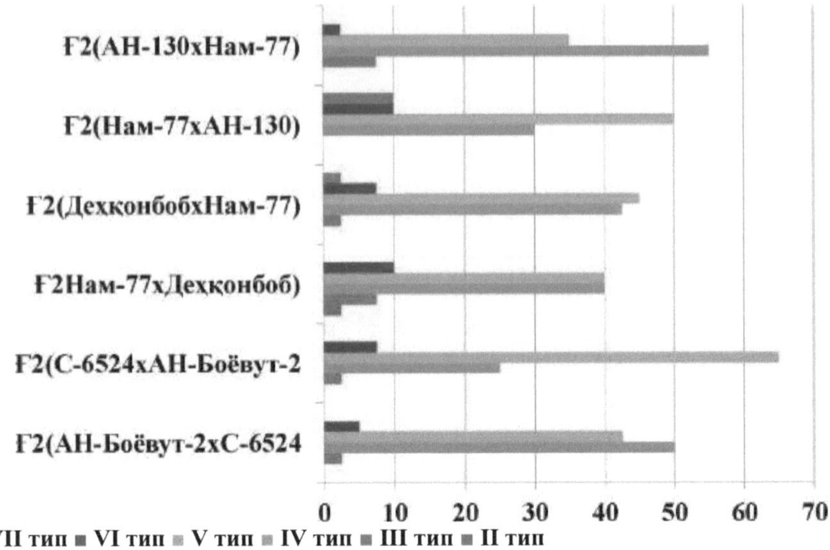

Figura 4.8. Extensão da variação do tipo de fibra nos híbridos F2

Na nossa investigação, os parâmetros de qualidade da fibra, como a microagulha, a resistência específica à rutura, o comprimento médio elevado, a uniformidade do comprimento e o índice de fibras curtas foram analisados nas formas parentais e nos híbridos F3. Nos dados obtidos, os indicadores de microneural das variedades AN-Boyovut-2, S-6524, Namangan-77, Dehqanbob e AN-130 são, em média, 4,6±0,05; 4,4±0,04; 4,6±0,06; Verificou-se que eram 4,6±0,05 e 4,3±0,05. Nas combinações de híbridos G'3, o índice médio de microneur foi de 4,4-4,7. A combinação com AN-130 como mãe apresentou um índice de microneur de 4,4±0,05 e teve melhor desempenho do que outras combinações híbridas, tendo sido isolados recombinantes com alta qualidade de fibra. Verificou-se que o coeficiente de variação do índice microneural estava na faixa de 4,62-7,48% nas formas parentais e na faixa de 6,62-8,82% nas plantas G'3. Isso indica que o coeficiente de variação do índice microneural estudado foi baixo nas formas parentais e nos híbridos

G'3. Da combinação F3 AN-130 x Namangan- 77, foram isoladas as famílias O-18 e O-41 com um índice microneural médio de 4,3-4,4. De acordo com o índice de resistência à rotura relativa, as formas parentais AN- Boyovut-2, S-6524, Namangan-77, Dehkanbob e AN-130 têm, em média, 30,7±0,14, respetivamente; 32,1±0,16; 31,1±0,17; 31,4±0,16 e 32,8±0,12 gs/tex. Nas combinações de híbridos G'3, o índice relativo de resistência à rotura foi, em média, de 30,3-33,7 gk/tex, sendo o valor mais elevado observado nas combinações com as variedades S-6524 e AN-130 como mães, tendo sido isolados os recombinantes.

O coeficiente de variação foi de 2,144,49% nas formas parentais e de 5,78-13,31% nas plantas G'3. Verificou-se que o coeficiente de variação do sinal de resistência específica à rutura estudado foi baixo nas formas parentais e na combinação de 5 híbridos G'3, e na combinação de S-6524 x AN-Boyovut-2 foi moderado (13,31 %). Da combinação híbrida F3 AN-130 x Namangan-77, foram separadas as famílias O-12 e O-78, com um índice comparativo de resistência à rutura de 33,6 e 33,8 gs/tex em média, respetivamente.

As formas parentais das variedades AN-Boyovut-2, S-6524, Namangan-77, Dehqanbob e AN-130 têm uma média de 1,09±0,05 de acordo com a marca de comprimento médio alto; 1,12±0,06; 1,10±0,05; foi de 1,12±0,03 e 1,14±0,05 polegadas. Nas combinações de híbridos G'3, este sinal foi em média de 1,10 polegadas em combinações recíprocas de AN-Boyovut-2 e S-6524, e verificou-se que foram isolados recombinantes pertencentes ao tipo V.

Nas combinações híbridas recíprocas, a taxa mais elevada foi observada na combinação com as variedades Namangan-77, Dehqonbob e AN-130 como mães, tendo sido isolados recombinantes do tipo IV. O coeficiente de variação foi de 1,31-1,98 % nas formas parentais e de 2,25-3,74 % nas plantas G'3. Isto indica que o coeficiente de variação da caraterística estudada de comprimento médio elevado foi baixo nas formas parentais e nas combinações de plantas G'3.

A partir das combinações híbridas recíprocas F3 de Namangan-77 e AN-130, foram isoladas as famílias O-47 e O-85, com uma marca de comprimento médio elevado de 1,13 e 1,14 polegadas, respetivamente.

De acordo com o sinal de uniformidade no comprimento, as formas parentais AN- Boyovut-2, S-6524, Namangan-77, Dehkanbob e AN-130 têm uma média de 83,9±0,09, respetivamente; 83,7±0,14; 83,1±0,18; 83,9±0,14 e 84,8±0,12%. As combinações de plantas G'3 foram observadas na faixa de 83,6-84,9%. O coeficiente de variação foi encontrado na faixa de 1,31-1,98% nas formas parentais e na faixa de 2,25-3,74% nas plantas G'3. Isso indica que o coeficiente de variação do sinal de uniformidade de comprimento estudado foi baixo nas formas parentais e nas combinações de plantas G'3.

Indicadores de qualidade tecnológica da fibra em plantas F3

№	Variedades e combinações híbridas	N	Microfone		Corda		Len		Unf		SFI		Elg	
			M±m	V, %	M±m	V, %	M±m	V, %	M±m	V, %	M±m	V, %	M±m	V, %
1	AN-Boyovut-2	30	4,6±0,05	6,3	30,7±0,14	2,84	1,09±0,05	1,44	83,9±0,09	0,64	4,4±0,12	12,7	8,4±0,10	4,87
2	S-6524	30	4,4±0,04	7,5	32,1±0,16	4,49	1,12±0,06	1,97	83,7±0,14	0,89	4,6±0,14	13,5	8,6±0,11	4,71
3	Namangan-77	30	4,6±0,06	6,0	31,1±0,17	3,72	1,10±0,05	1,98	83,1±0,18	1,18	6,0±0,22	17,6	8,1±0,17	9,84
4	Agricultor	30	4,6±0,05	4,9	31,4±0,16	3,04	1,12±0,03	1,31	83,9±0,14	0,78	5,6±0,12	10,9	9,4±0,24	9,96
5	AN-130	30	4,4±0,05	4,6	32,8±0,12	2,14	1,14±0,05	1,62	84,8±0,12	0,67	4,7±0,14	12,5	10,6±0,19	7,58
6	F3 AN-Boyov-2xS-6524	78	4,6±0,06	8,8	30,4±0,19	7,54	1,10±0,05	2,72	83,6±0,11	0,88	5,5±0,16	19,7	8,3±0,14	8,74
7	F3 S-6524xAN-Boyov-2	81	4,5±0,05	7,7	33,7±0,25	13,3	1,10±0,06	2,48	84,1±0,15	0,96	5,3±0,21	24,0	9,0±0,17	10,9
8	F3 Nam-77xFanner	74	4,6±0,07	8,6	30,6±0,23	7,93	1,12±0,05	3,74	83,9±0,19	1,44	6,0±0,24	30,2	8,4±0,19	10,6
9	F3	8	4,7±0,	7,9	30,3±0,	6,9	1,12±0,	2,5	84,4±0,	1,6	5,0±0,	19,	8,7±0,2	13,

	Dehqonbobx Nam-77	0	09		21	4	07	4	22	7	20	6	3	7
10	F3 Naman-77xAN-130	68	4,6±0,06	6,8	31,4±0,27	6,86	1,14±0,06	2,52	84,3±0,20	1,82	5,5±0,19	22,4	9,6±0,18	9,04
11	F3 AN-130xNaman-77	73	4,4±0,05	6,6	32,7±0,18	5,78	1,13±0,05	2,25	84,9±0,17	0,91	4,8±0,16	16,5	9,4±0,13	7,75

De acordo com o índice de fibras curtas, as formas parentais das variedades AN- Boyovut-2, S-6524, Namangan-77, Dehkanbob e AN-130 são, em média, 4,4±0,12, respetivamente; 4,6±0,14; 6,0±0,22; 5,6±0,12 e 4,7±0,14%. As combinações de plantas G'3 foram observadas na faixa de 4,8-6,0 %. O coeficiente de variação foi de 10,9-17,6% nas formas parentais, 16,5-24,0% em 5 combinações híbridas e foi considerado moderado. O coeficiente de variação na combinação híbrida Namangan-77 x Dehkanbob foi alto e atingiu 30,2%. De acordo com o sinal de alongamento na rutura, as formas parentais das variedades AN- Boyovut-2, S-6524, Namangan-77, Dehkanbob e AN-130 são, em média, 8,4±0,10, respetivamente; 8,6±0,11; 8,1±0,17; 9,4±0,24 e 10,6±0,19%. As combinações de plantas G'3 foram observadas na faixa de 8,4-9,6%. O coeficiente de variação foi encontrado na faixa de 4,71-9,96% nas formas parentais, na faixa de 10,8-13,7% nas combinações híbridas. Isso indica que o coeficiente de variação do sinal de alongamento na rutura foi baixo nas formas parentais e médio nas combinações híbridas (tabela 4.8.).

Nas combinações híbridas recíprocas Namangan-77 x AN-130 de híbridos F1 com indicador microneural, foram observados casos de dominância negativa parcial, e essa situação indica que houve dominância positiva parcial para o indicador microneural. Nas plantas F2, o coeficiente de transmissão do índice microneural da fibra de geração para geração é igual a h2=0,02-0,13, o que indica que o carácter é herdado principalmente sob a influência do ambiente externo.

Nos híbridos F1, o maior indicador do sinal relativo de resistência à quebra foi observado na combinação Namangan-77 x AN-130 (32,8 gs/tex) e ocorreu um estado de heterose positiva (hp=3,28).

Nos híbridos F1, o maior indicador do sinal relativo de resistência à quebra foi observado na combinação Namangan-77 x AN-130 (32,8 gs/tex) e ocorreu um estado de heterose positiva (hp=3,28).

F1 duragaylarida nisbiy uzilish kuchi belgisining eng yuqori ko'rsatkichi Namangan-77 x AN-130 (32,8 gs/teks) birikmasida kuzatilgan va musbat geterozis holati (hp=3,28) yuzaga kelgan.

Nos híbridos F1, o maior indicador do sinal relativo de resistência à quebra foi observado na combinação Namangan-77 x AN-130 (32,8 gs/tex) e ocorreu heterose positiva (hp=3,28).

F1 duragaylarida nisbiy uzilish kuchi belgisining eng yuqori ko'rsatkichi Namangan-77 x AN-130 (32,8 gs/teks) va musbat geterozis (hp=3,28) birikmasida kuzatildi.

Uma ampla gama de variação transgressiva ocorreu nas combinações F2 da caraterística, como resultado da qual uma transgressão do lado direito foi observada nas combinações recíprocas AN- Boyovut-2 x S-6524 e Namangan-77 x Dehkanbob, e na combinação AN-130 x Namangan-77.

Nas combinações recíprocas F1, a caraterística de alto comprimento médio foi herdada principalmente em casos dominantes positivos fortes, intermediários e, em alguns casos, dominantes negativos fortes e dominantes parcialmente negativos. A variação transgressiva do lado direito nas combinações F2 resultou em recombinantes com marcadores de comprimento médio elevado de 1,13-1,17 polegadas do tipo IV e 1,18-1,19 polegadas de fibra do tipo III.

Nos híbridos F1, a caraterística índice de uniformidade de comprimento foi herdada em estados dominantes fortemente positivos e fortemente negativos. Nas plantas F2, há uma transgressão do lado direito nas combinações AN-Boyovut-2 x S-6524, Namangan-77 x Dehkanbob, Namangan-77 x AN-130, e uma transgressão do lado esquerdo nas combinações recíprocas, e o sinal desvia-se para a forma parental.

O índice de fibras curtas foi herdado em combinações F1 de dominância extremamente alta com heterose positiva, heterose negativa, dominância positiva parcial e dominância negativa parcial, e uma ampla variação transgressiva foi observada em plantas F2.

A transgressão do lado direito do tipo de fibra foi observada em combinações de híbridos F2, e casos de transgressão do lado esquerdo foram observados em combinações de híbridos recíprocos. Além disso, foram observadas plantas pertencentes aos tipos II e III nas populações de híbridos F2.

A partir de gerações F3 recíprocas das variedades Namangan-77 x AN-130 pertencentes a G. hirsutum L., o índice microneural é de 4,3-4,4, a resistência específica à rutura é de 33,7-34,2 gs/tex, o comprimento alto e médio é de 1,13- Foram isoladas as famílias O-12, O-18, O-41, O-47, O-78 e O-85 com fibras de 1,17 polegadas e do tipo IV.

4.9. Hereditariedade e variabilidade do marcador de saída de fibras

Um rendimento de fibra mais elevado determina a quantidade de fibra que pode ser obtida. Uma vez que o principal produto do algodão é a fibra, o elevado rendimento em fibra de cada variedade de algodão determina a quantidade de fibra obtida de uma determinada área numa determinada ordem. Por conseguinte, durante o processo de seleção, é dada grande atenção ao rendimento em fibra das amostras iniciais envolvidas na hibridação. Muitos cientistas nacionais e estrangeiros realizaram investigação científica sobre a hereditariedade da produção de fibras. Devido aos resultados efectivos destas investigações, a produção de fibras da maioria das variedades cultivadas é elevada (35,0-38,0%).

Toreev F., Karimov O. [2017], Toreev F.N., Umirov D.M., Mengniyozov H., Saydaliev B., Toshpolatova R. [2015], Khudarganov K.O., Usmanov S.A., Abdiev F.R. [2017]. Descobriram que os genes que controlam a caraterística de produção de fibras são herdados num estado dominante ou superdominante, dependendo do genótipo das formas parentais que estão a ser cruzadas.

A hereditariedade da produção de fibras nas plantas F1 foi estudada por comparação com as plantas parentais. A análise dos resultados da investigação mostra que o rendimento em fibra das variedades de algodão AN-Boyovut-2 e S-6524 obtidas como parentais é de 34,5%, respetivamente; foi de 36,3%. Na combinação híbrida de F1 AN-Boyovut-2 x S-6524, o rendimento de fibra é em média 36,6%, e no caso de heterose positiva (hp=1,33) de acordo com este carácter, a combinação recíproca é de 35,2% em média, com dominância negativa parcial (hp=-0,22) condição foi observada.

A produção de fibras das variedades de algodão Namangan-77 e Dehkanbob é de 36,8% no primeiro ano, respetivamente; foi de 37,9%. A produção de fibra da combinação F1 Namangan-77 x Dehqanbob obtida a partir dessas variedades foi em média 37,6%, e observou-se que foi herdada no caso de dominância positiva parcial (hp=0,45). A combinação recíproca teve uma média de 37,8% e foi herdada em dominância positiva parcial (hp=0,82).

O indicador do primeiro ano da variedade de algodão AN-130 em termos de rendimento de fibra foi de 38,0%. A combinação F1 Namangan-77 x AN-130 é de 38,8% em média, a combinação recíproca é igual a 38,6%, mostrando dominância extrema (hp=2,33; hp=2,0), condição (tabela.4.9.) .

A hereditariedade da produção de fibras em plantas F2 foi estudada com plantas-mãe separadas em classes.

A escala de variabilidade para este carácter ocupou 5 classes nas variedades AN- Boyovut-2, Namangan-77 e AN-130, e 6 classes nas variedades S-6524 e Dehkanbob. A percentagem mais elevada de plantas situa-se na classe 35.136.0% (30.0%) na variedade AN-Boyovut-2, 34.1-35.0% e 35.136.0% na variedade S-6524 (23 ,3% , 23.3%), 38.1-39.0% nas variedades Namangan-77 e AN-130 (40.0% e 30.0%), 38.1-39.0 e 39.0% na variedade Dehkanbob ,1-40.0 % classes (33.3 e 33.3 %) incluídas e partilhando classes modais.

Quadro 4.9

Herança da caraterística de rendimento de fibras em plantas F1 de cultivares de algodão

№	Variedades e combinações híbridas	n	M±m, %	G	Limite	V,%	hp
1	AN-Boyovut-2	50	34,5±0,28	1,99	4,1-7,5	5,62	
2	S-6524	75	36,6±0,20	1,67	4,1-7,5	4,57	1,33
3	Namangan-77	75	35,2±0,27	2,27	4,0-8,5	6,45	-0,22
4	Agricultor	50	36,3±0,26	1,81	4,5-7,0	4,99	
5	AN-130	50	37,9±0,31	2,20	4,3-7,3	5,81	
6	F3 AN-Boyov-2xS-6524	75	37,6±0,25	2,15	3,9-7,5	5,73	0,45
7	F3 S-6524xAN-Boyov-2	75	37,8±0,22	1,89	4,1-8,0	5,00	0,82
8	F3 Nam-77xFarmer	50	36,8±0,30	2,10	3,7-7,3	5,72	
9	F3 DehqonbobxNam-77	75	38,8±0,21	1,81	4,8-8,0	4,66	2,33
10	F3 Naman-77xAN-130	75	38,6±0,20	1,75	4,3-7,7	4,53	2,00
11	F3 AN-130xNaman-77	50	38,0±0,25	1,78	4,8-7,6	4,69	

Os indicadores de classe de extremo mais elevados das variedades AN-Boyovut-2 e S-6524 situaram-se nas classes de 37,1-38,0% e 38,1-39,0%, respetivamente, e as plantas pertencentes a esta classe foram 10,0%. O indicador de classe mais extremo da variedade AN-130 foi 39,1-40,0%, e as plantas

pertencentes a esta classe foram iguais a 23,3%. As cultivares Namangan-77 e Dehkanbob apresentaram os maiores indicadores de classe de bordadura, 40,141,0%, e as plantas pertencentes a esta classe foram observadas em 10,0% e 6,7%, respetivamente, sendo superiores às demais cultivares neste aspeto. O coeficiente de variação do carácter nas variedades foi de 2,37-3,70%, o que indica que a variabilidade do carácter estudado foi menos variável em todas as variedades.

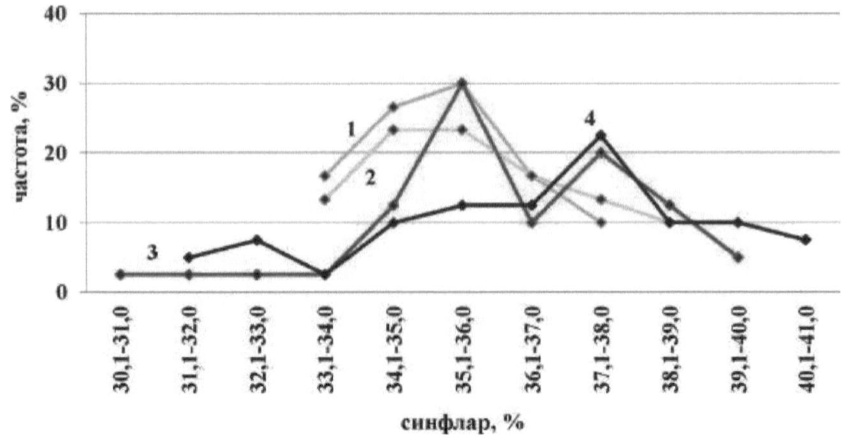

Figura 4.9. Gama de variabilidade da saída de fibra1-AN-Boyovut- 2; 2-S-6524; 3-F2 AN-Boyovut-2 x S-6524; 4- F2 S-6524 x AN-

Boyovut-2

A combinação AN-Boyovut-2 x S-6524 formou 10 classes quanto à produção de fibra, sendo que a classe 35,1-36,0% continha o maior número de 30,0% das plantas. O indicador médio do caráter foi de 36,1%, e o coeficiente de herdabilidade foi igual a h2=0,67, o que significa que 67,0% do caráter rendimento de fibra estudado é do genótipo da forma híbrida, e 33,0% é herdado pela influência do ambiente externo. meios O coeficiente de variação do símbolo foi de 5,59% e observou-se ser menos volátil. Na combinação recíproca, a produção de fibra foi dividida em 10 classes, e a classe de 37,1-38,0% de plantas (22,5%) continha a maior percentagem de plantas (ver Figura 4.4), e o indicador médio do carácter foi de 36,7%. . Nesta combinação, o coeficiente de hereditariedade da caraterística foi igual a h2=0,76, o que significa que 76,0% da caraterística de rendimento de fibra investigada é o genótipo da forma híbrida, e 24,0% é herdada pela influência do ambiente externo. O coeficiente de variação foi igual a 6,40% e observou-se que o sinal foi menos volátil.

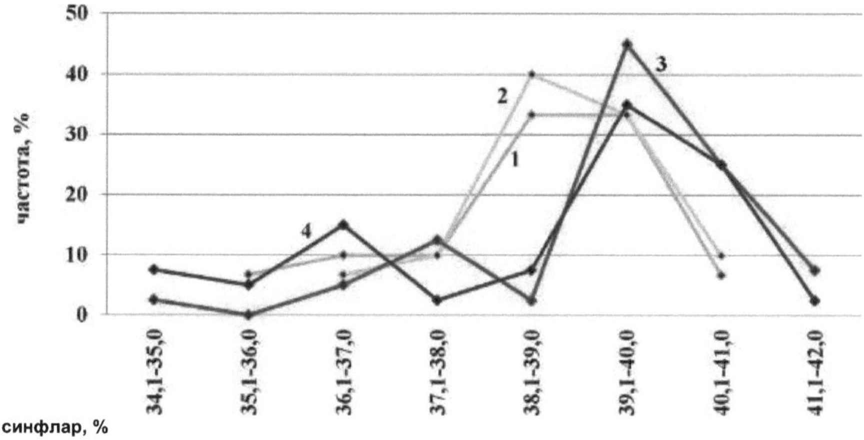

Figura 4.10. Faixa de variabilidade da produção de fibras 1-Farmer; 2- Namangan-77; 3-F2 Namangan-77 x Dehkanbob; 4-F2 Dehkanbob x Namangan-77

A combinação Namangan-77 x Dehqanbob formou 7 classes de acordo com o rendimento de fibras. A maior percentagem de plantas foi incluída na classe indicativa (45,0%) com 39,1-40,0% e foi a classe modal. O indicador médio para este sinal foi de 39,4%, e notou-se que ele se deslocou para a direita em relação às plantas matrizes. O coeficiente de herdabilidade da caraterística foi h2=0,52, o que significa que 52,0% da caraterística de rendimento de fibra investigada é do genótipo da forma híbrida, e 48,0% é herdada sob a influência do ambiente externo. O coeficiente de variação foi igual a 3,44% e observou-se que o sinal foi menos variável. Na combinação recíproca, este caráter formou 8 classes, e nesta combinação, a classe indicativa com 39,140,0% continha a maior porcentagem de plantas estudadas (35,0%) e foi a classe modal (ver Figura 4.5). O indicador médio para o caráter foi de 38,6% e o coeficiente de herdabilidade foi igual a h2=0,77, o que significa que 77,0% do caráter rendimento de fibra estudado é do genótipo da forma híbrida, e 23,0% é herdado devido à influência do ambiente externo. indica. O coeficiente de variação do sinal foi igual a 5,16% e observou-se que ele mudou pouco.

A combinação Namangan-77 x AN-130 possui 9 classes de acordo com o indicador de produtividade de fibra, sendo que as classes com indicadores de 38,1-39,0%, 39,140,0%, 40,1-41,0% apresentam a maior porcentagem das plantas estudadas. de 25,0%, 22,5%, 27,5%, respetivamente. O índice médio desta caraterística foi de 38,7%, e o coeficiente de herdabilidade foi igual a h2=0,77, o que significa que 77,0% da caraterística de rendimento de fibra investigada é o genótipo da forma híbrida, e 23,0% é herdada sob a influência do ambiente externo. foi determinado. O coeficiente de variação foi igual a 4,87%, e o sinal mostrou-se menos volátil. Na combinação recíproca, observou-se que a produção de fibra estava localizada em 8 classes, e a classe com indicador de 38,1-39,0% era a classe modal, contendo 30,0% da planta (Fig. 4.12).

O indicador médio da marca nesta combinação foi de 38,7%. O coeficiente de herdabilidade para o caráter é h2=0,67, o que significa que 67,0% do caráter rendimento de fibra estudado é do genótipo da forma híbrida, e 33,0% é herdado pela influência do ambiente externo. O coeficiente de variação foi igual a 4,11% e observou-se que o sinal foi menos variável (tabela 4.10).

Nas plantas F1 obtidas a partir do cruzamento recíproco de variedades de algodão pertencentes ao tipo G. hirsutum L., o rendimento de fibra foi principalmente heterose positiva, intermediária, casos de dominância parcialmente negativa ocorreram no primeiro ano. No segundo ano, observou-se que o oposto foi herdado principalmente em casos de heterose negativa, intermediária e dominância extrema. Assim, foi determinado que o sinal de rendimento de fibra é herdado de forma diferente na primeira geração de híbridos de variedades de algodão, dependendo das medidas agrotécnicas e das formas parentais.

Nas combinações híbridas recíprocas F2 de cultivares de algodão, houve um aumento na produção de fibras em relação às plantas F1. Assim, verificou-se que a produção de fibra é herdada dependendo do genótipo das formas parentais envolvidas no cruzamento. Formas com alto rendimento de fibra (39,0-40,0%) isoladas de plantas Fl e F2 servem como fonte inicial para a criação de sistemas e variedades de alto rendimento.

Análise da caraterística de rendimento de fibras em plantas F2 de cultivares de algodão

№	Variedades e combinações híbridas	n	Notas, % (em percentagem)												M±m	σ	Limite	V, %	h^2
			cn 1	31,1-	32,1-	33,1-	34,1-	35,1-	36,1-	37,1-	38,1-	39,1-	40,1-	41,1-					
1	AN-Boyovut-2	30	-	-	-	16,7	26,6	30,0	16,7	10,0	-	-	-	-	34,4±0,23	1,27	32,5-37,0	3,70	
2	S-6524	120	2,5	2,5	2,5	2,5	12,5	30,0	10,0	20,0	12,5	5,0	-	-	36,1±0,32	2,02	31,2-39,8	5,59	0,67
3	Namangan-77	120	-	5,0	7,5	2,5	10,0	12,5	12,5	22,5	10,0	10,0	7,5	-	36,7±0,37	2,35	32,0-40,6	6,40	0,76
4	Fã	30	-	-	-	13,3	23,3	23,3	16,7	13,3	10,0	-	-	-	34,7±0,29	1,58	32,3-38,0	4,55	
5	AN-130	30	-	-	-	-	-	6,7	10,0	10,0	33,3	33,3	6,7	-	38,5±0,25	1,35	35,2-40,3	3,49	
6	F3 AN-Boyov- 2xS-6524	120	-	-	-	-	2,5	-	5,0	12,5	2,5	45,0	25,0	7,5	39,4±0,21	1,36	34,8-40,7	3,44	0,52
7	F3 S-6524xAN-Boyov-2	120	-	-	-	-	7,5	5,0	15,0	2,5	7,5	35,0	25,0	2,5	38,6±0,31	1,99	34,1-40,9	5,16	0,77
8	F3 Nam-77xFarmer	30	-	-	-	-	-	-	6,7	10,.0	40,0	33,3	10,0	-	38,7±0,17	0,92	36,6-40,4	2,37	
9	F3 DehqonbobxNam -77	120	-	-	-	5,0	2,5	5,0	2,5	7,5	25,0	22,5	27,5	2,5	38,7±0,30	1,88	33,7-40,5	4,87	0,77
10	F3 Naman-77xAN-130	120	-	-	-	-	2,5	7,5	5,0	10,0	32,5	20,0	17,5	5,0	38,7±0,25	1,59	35,3-40,9	4,11	0,67

10,0 10,0 23,3 30,0 23,3

38,1±0,23 1,26 35,3-40,0 3,30

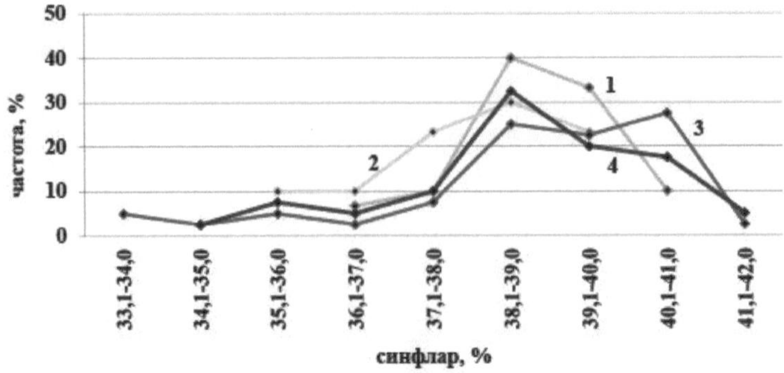

Figura 4.11. Gama de variabilidade da saída de fibra 1-Namangan-77; 2 AN-130; 3-F2 Namangan-77 x AN-130; 4- F2 AN-130 x Namangan-77

4.10. Herança e variação do caráter comprimento de fibra em híbridos F1 - F2 de variedades de algodão

O comprimento da fibra é a distância entre duas extremidades da fibra, medida em mm. Este indicador é, em média, 31-36 mm nas variedades de algodão de fibra média e 38-42 mm nas variedades de algodão de fibra longa (fina). Comprimento do peso modal - o comprimento das mesmas fibras que são mais comuns na amostra, em mm. O comprimento do peso dos grampos é o comprimento médio do peso de todas as fibras acima do comprimento modal, mm. O comprimento da fibra de algodão é muito variável, dependendo das condições de tratamento do algodão, irrigação, fertilização, regime de temperatura e assim por diante. O comprimento da fibra é variável nas vagens e mesmo nas sementes, dependendo da localização da cápsula numa única planta. Kodirova M.R. [2018], Avliyokulov N., Yangiboev A., Avliyokulov T. [2017] determinaram que a hereditariedade do comprimento da fibra depende da hereditariedade da variedade e da agrotecnia.

Rayimkulov Yo.I., Abzalov M.F., Shermuhammedov K.K. [2013] descobriram que a herança de combinações com resultados de alto comprimento de fibra variava de dominância completa a alta dominância.

Atualmente, o fornecimento de produtos com fibras longas e maduras é um dos problemas urgentes da indústria. Para isso, foram criadas e estão a ser criadas muitas variedades de algodão. Uma vez que o comprimento da fibra é um dos parâmetros importantes que determinam o tipo de fibra e o preço, é dada grande atenção ao estudo do comprimento da fibra. No algodão cultivado, o comprimento da fibra vai de 18-20mm a 45-50, ou mesmo 55-60mm. Na maioria das variedades de algodão de fibra média cultivadas no nosso país, o comprimento da fibra de algodão é de 30-35 mm, algumas delas são mais compridas do que isso. Embora as outras propriedades da fibra sejam boas, quanto mais comprida for a fibra, mais cara é.

Nimatov M.M. De acordo com a investigação científica de [2009], se o comprimento da fibra aumentar em 1 mm, a dureza do gás aumenta em 3 por cento. M.F. Abzalov [1991], na sua investigação, salienta que a formação de fibras no tipo de fibra média de algodão tem um carácter complexo e é controlada pela interação de genes. O método mais antigo, mas agora comum, de medir o comprimento da fibra é medir manualmente um pedaço de algodão ao longo da linha de fibras. Este método mede o comprimento rapidamente, mas é impreciso. Os resultados obtidos dependem da destreza e da experiência do operador. Além disso, o comprimento dos fios está relacionado com o teor de humidade do algodão, porque a fibra seca é mais curta e torcida, enquanto a fibra húmida, pelo contrário, é sempre direita e comprida.

A herança do comprimento da fibra em plantas F1 obtidas do cruzamento de cultivares de algodão de G. hirsutum L. foi estudada por comparação com as plantas parentais.

Como se pode ver na análise dos resultados da nossa investigação (ver Quadro 4.5), o comprimento da fibra das variedades de algodão AN-Boyovut-2 e S-6524 obtidas como progenitores é de 33,2 mm, respetivamente; foi de 33,7 mm. Na combinação híbrida F1(AN-

Boyovut-2 x S-6524) 90

Obtido a partir destas variedades, o comprimento da fibra é em média de 33,1 mm, no caso de heterose negativa (hp=-1,4) de acordo com este carácter, na combinação recíproca é em média de 32,7 mm. Foram observados casos de dominância extremamente negativa (hp=-3).

O comprimento da fibra das variedades de algodão Namangan-77 e Dehkanbob é de 33,5 mm no primeiro ano, respetivamente; foi de 33,4 mm. Observou-se que a F1 Namangan-77 x Dehqanbob, que foi cruzada a partir destas variedades, tinha um comprimento médio de fibra de 33,1 mm e estava num estado de dominância negativa extrema (hp=7). A combinação recíproca teve uma média de 33,9 mm e foi herdada num estado de dominância positiva extremamente forte (hp=9).

O índice do primeiro ano da variedade de algodão AN-130 em termos de comprimento de fibra foi de 33,7 mm. A combinação F1 Namangan-77 x AN-130 apresentou média de 33,4 mm, heterose negativa (hp=-2), a combinação recíproca apresentou 33,6 mm, e nesta combinação foi observada herdabilidade intermediária (hp=0) no caráter comprimento de fibra. .

G.hirsutum L. турига мансуб Em plantas Fl obtidas do cruzamento recíproco de variedades de algodão G. hirsutum L., o comprimento da fibra mostrou ser extremamente dominante negativo em 4 combinações, dominância positiva extremamente forte em 1, e hereditariedade intermédia em 1.

Herança da caraterística de comprimento de fibra em híbridos Fl de variedades de algodão

№	Variedades e combinações híbridas	n	M±m	E	limite	V,%	hp
1	AN-Boyovut-2	50	33,2±0.09	0,63	30,3-33,9	1,90	
2	AN-Boyovut-2xS-6524	75	33,l±0,14	1,20	30,1-35,4	3,64	-1,40
3	S-6524xAN-Boyovut-2	75	32,7±0,14	1,25	30,9-35,8	3,84	-3,00
4	S-6524	50	33,7±0,08	0,58	31,7-35,9	1,71	

5	Fã	50	33,4±0,06	0,45	30,6-34,5	1,36	
6	Nam-7 7 xDehkanbob	75	33,l±0,13	1,16	30,6-36,1	3,51	-7,00
7	F anner Naman-7 7	75	33,9±0,16	1,37	31,1-36,8	4,06	9,00
8	Namangan-77	50	33,5±0,16	1,13	31,1-33,6	3,37	
9	Namangan-77xAN-130	75	33,4±0,16	1,16	30,1-35,8	3,56	-2,00
10	AN-130xNamangan-7 7	75	33,6±0,17	1,26	31,8-36,9	3,76	0
11	AN-130	50	33,7±0,ll	0,81	31,4-34,7	2,40	

Análise do marcador de comprimento de fibra em plantas F2 de cultivares de algodão

№	Variedades e combinações híbridas	N	Синфлар, ммм (фоиз х,исобида)									M±m	o	limit e	V, %	h^2
			30,1-31,0	r4 1 CG	32,1-33,0	1 CG	34,1-35,0	35,1-36,0	36,1-37,0	37,1-38,0	38,1-39,0					
1	AN-Boyovut-2	30	13,3	*20*	53,4	13,3	-	-		-	-	32,2±0,15	0,9	30,3-33,9	2,6	
2	AN-Boyovut-2xS-6524	120	7,5	17,5	47,5	15,0	5,0	2,5	5,0	-	-	32,8±0,22	1,4	30,2-36,7	4,2	0,60
3	S-6524xAN-Boyovut-2	120	5,0	15,0	25,0	42,5	7,5	2,5	2,5	-	-	33,0±0,19	1,2	31,0-36,3	3,6	0,46
4	S-6524	30	-	26,6	40,0	16,6	10,0	6,7	-	-	-	32,9±0,22	1,2	31,1-35,9	2,7	
5	Fã	30	10,0	23,3	40,0	20,0	6,7	-	-	-	-	32,5±0,19	1,0	30,6-34,5	3,2	
6	Nam-7 7xDehkanbob	120	-	2,5	42,5	30,0	12,5	7,5	2,5	2,5	-	33,6±0,20	1,3	31,4-37,1	3,7	0,57
7	Fã Naman-77	120	-	5,0	42,5	10,0	7,5	12,5	20,0	2,5	-	34,0±0,28	1,8	31,7-37,5	5,2	0,79
8	Namangan-77	30	23,3	26,7	33,3	16,7	-	-	-	-	-	31,9±0,18	1,0	30,1-33,6	3,1	
9	Namangan-7 7xAN-130	120	7,5	17,5	25,0	32,5	15,0	2,5	-	-	-	32,9±0,19	1,2	30,1-35,3	3,6	0,56
10	AN-130xNamangan	120	2,5	2,5	12,5	10,0	42,5	25,0	2,5	-	2,5	34,5±0,22	1,4	30,9-38,9	4,1	0,71

	-7 7															
11	AN-130	30	-	10,0	20,0	43,3	26,7	-	-	-	-	33,4±0,16	1,0	31,4-34,7	2,7	

A herança do comprimento da fibra em híbridos F2 foi estudada com plantas-mãe separadas em classes (ver Tabela 4.6). A escala de variação para este carácter ocupou 4 classes nas variedades AN-Boyovut-2, Namangan-77 e AN-130, e 5 classes nas variedades S-6524 e Dehkanbob. A maior percentagem de plantas nas variedades AN-Boyovut-2, S-6524, Namangan-77 e Dehkanbob nas classes com indicadores de 32,1-33,0 mm são 53,4%, 40,0%, 33,4% e 40,0, respetivamente. Ser uma classe modal incluindo %. Na variedade AN-130, a classe de índice 33,1-34,0 mm continha a maior percentagem (43,3%) das plantas estudadas e foi a classe modal.

As variedades AN-Boyovut-2 e Namangan-77 têm os indicadores de classe extrema mais elevados na classe de 33,1-34,0 mm, e as plantas pertencentes a esta classe foram 13,3% e 16,7%, respetivamente. O índice de classe extrema das variedades Dehkanbob e AN-130 foi de 34,1-35,0 mm, e as plantas pertencentes a esta classe foram iguais a 6,7% e 26,7%, respetivamente.

A variedade S-6524 apresentou os indicadores mais elevados da classe de bordadura de 35,1-36,0 mm, e as plantas pertencentes a esta classe constituíram 6,7%. O coeficiente de variação nas formas parentais foi de 2,64-3,18%, o que indica que a variabilidade do carácter estudado foi baixa em todas as variedades.

A combinação AN-Boyovut-2 x S-6524 foi colocada em 7 classes de acordo com o indicador de comprimento de fibra, sendo que a maior porcentagem de plantas continha a classe com o índice de 32,1-33,0 mm (47,5%) e foi a classe modal. Nesta combinação, o indicador médio do sinal foi de 32,8 mm, e observou-se que a amplitude de variação se deslocou para a direita. O coeficiente de herdabilidade foi igual a h2=0,60, o que significa que 60,0% do caráter comprimento de fibra estudado é do genótipo da forma híbrida, e 40,0% é herdado pela influência do ambiente externo. O coeficiente de variação do símbolo foi igual a 4,17% e observou-se ser menos volátil. Na combinação recíproca, houve 7 classes de acordo com esse caráter, sendo que a classe com índice de 33,1-34,0 mm continha a maior porcentagem das plantas estudadas, ou seja, 42,5% (ver Fig. 4.7).

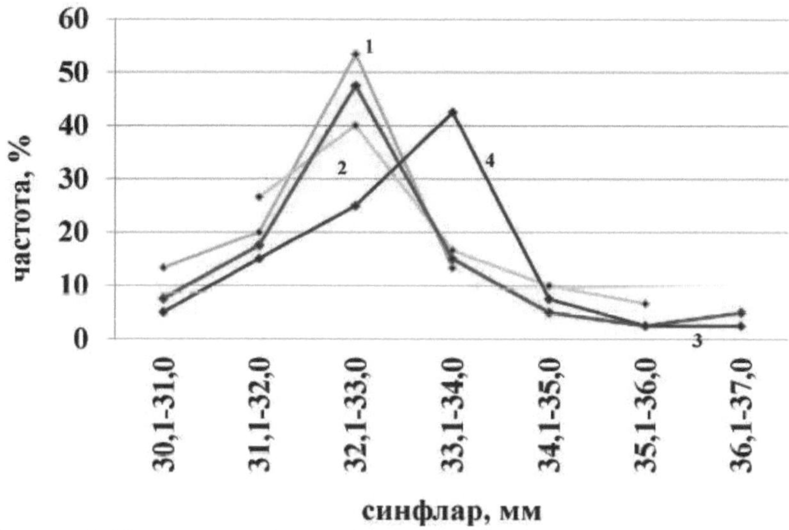

Figura 4.12. A gama de variação do comprimento da fibra 1-AN-Boyovut-2; 2-S-6524; 3-F2 AN-Boyovut-2 x S-6524; 4- F2 S-6524 x AN-Boyovut-2

A média do indicador de comprimento de fibra foi de 33,0 mm, e podemos ver que a faixa de variação também se deslocou para a direita nessa combinação. O coeficiente de herdabilidade do carácter foi h2=0,46, o que significa que 46,0% do carácter comprimento de fibra estudado é o genótipo da forma híbrida e 54,0% é herdado sob a influência do ambiente externo. O coeficiente de variação do símbolo foi igual a 3,57% e foi considerado menos variável.

A combinação Namangan-77 x Dehqanbob também ocupou 7 classes de acordo com esse caráter, sendo que a classe com índice de 32,1-33,0 mm continha a maior porcentagem de plantas estudadas, ou seja, 42,5% das

plantas. Observou-se que o indicador médio para o sinal foi de 33,6 mm e a linha de variação deslocou-se para a direita. O coeficiente de transmissão do comprimento da fibra de uma geração para outra foi igual a h2=0,57, o que indica que 57,0% do caráter comprimento da fibra estudado é o genótipo da forma híbrida, e 43,0% é herdado sob a influência do ambiente externo. O coeficiente de variação do símbolo foi igual a 3,74% e foi observado ser menos volátil.

Na combinação recíproca, o índice de comprimento de fibra também foi de 7 classes, e observou-se que a maior porcentagem (42,5%) das plantas estava na classe indicadora de 32,1-33,0 mm (ver Figura 4.8). O indicador médio das plantas estudadas foi de 34,0 mm, e observou-se que a amplitude de variação também se deslocou para a direita nesta combinação. O coeficiente de herdabilidade do caráter foi igual a h2=0,79, o que significa que 79,0% do caráter comprimento de fibra estudado é do genótipo da forma híbrida, e 21,0% é herdado pela influência do ambiente externo. O coeficiente de variação do sinal foi de 5,23% e foi observado ser menos volátil. A combinação de Namangan-77 x AN-130 formou 6 classes de acordo com o símbolo de comprimento de fibra. Nesta combinação, a classe de índice 33,134,0 mm continha o maior índice 32,5% das plantas estudadas. Observou-se que o indicador médio para o sinal foi de 32,9 mm e

the variation line shifted to the right.

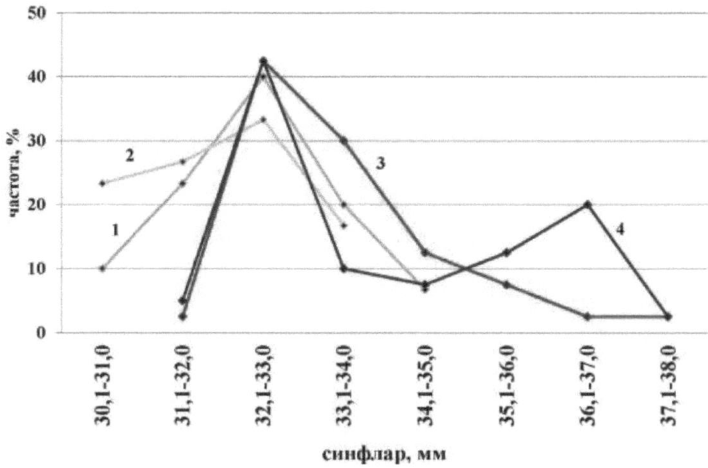

Figura 4.13. A gama de variação do comprimento da fibra 1 - Agricultor; 2 - Namangan-77; 3-F2 (Namangan-77xDehkanbob; 4-F2 DehkanbobxNamangan-77

O coeficiente de transmissão do comprimento de fibra de geração para geração foi h2=0,56, o que significa que 56,0% do caráter comprimento de fibra estudado é herdado pelo genótipo da forma híbrida, 44,0% pela influência do ambiente externo. O coeficiente de variação do sinal foi igual a 3,58% e observou-se baixa variabilidade. Na combinação recíproca também, o índice de comprimento de fibra foi de 8 classes e observou-se que as plantas continham a maior porcentagem (42,5%) na classe de índice de 34,1-35,0 mm. O indicador médio das plantas estudadas por carácter foi de 34,5 mm, e notou-se que a série de variação se deslocou para a direita também nesta combinação (ver Fig. 4.9). O coeficiente de hereditariedade da caraterística foi igual a h2=0,71, o que significa que 71,0% da caraterística de comprimento de fibra estudada foi herdada pelo genótipo da forma híbrida, 29,0% pela influência do ambiente externo. O coeficiente de variação do sinal foi igual a 4,11% e observou-se baixa variabilidade.

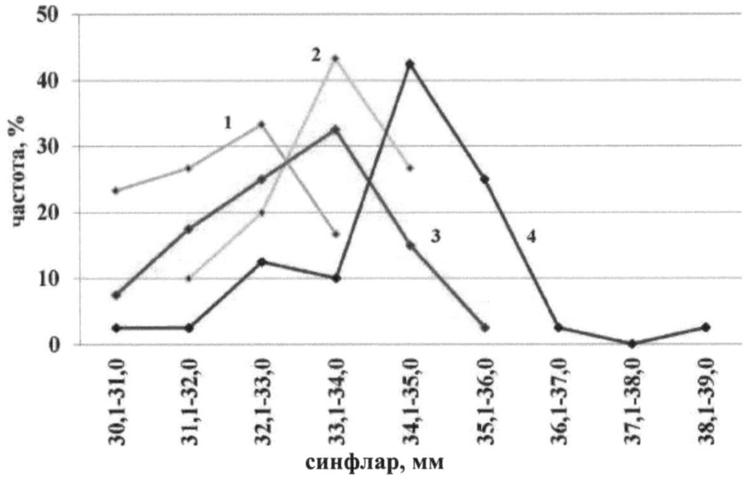

Figura 4.14. A gama de variação do comprimento da fibra 1-Namangan-77; 2 AN-130;
3- F2 Namangan-77 x AN-130; 4- F2 AN-130 x Namangan- 77

Assim, verificou-se que o comprimento da fibra é herdado dependendo do genótipo das formas parentais envolvidas no cruzamento. Formas com alto comprimento de fibra (34,0-35,0 mm) isoladas de plantas F1 e F2 servem como fonte inicial para a criação de sistemas e variedades de alto rendimento.

Verificou-se que a hereditariedade do carácter comprimento da fibra depende do genótipo das formas parentais. As formas com maior comprimento de fibra (34,0-35,0 mm) do que os híbridos F2 estudados servem como fonte inicial para a criação de sistemas e variedades. Analisando os dados apresentados na Tabela 4.13, podemos ver que as amostras na experiência variam de 5,2 a 6,5 g de peso por saco de algodão, e a diferença entre elas é de 1,3 g, e elas são comparadas com o saco grande 75007-11 -6,0 g, UzFA-705-6,1 g, UzFA-713-6,2 g e Kelajak-6,5 g, saco pequeno Namangan-77-5,2 g, Kopaysin-5,5 g são iguais, vemos que elas são divididas em dois grupos. Em termos de rendimento em fibra, estas amostras estão na sua maioria próximas umas das outras, 37,0-38,5%, e apenas uma variedade 75007-11 foi separada em dois grupos devido ao rendimento em fibra de 35,5%. O comprimento da fibra das amostras estudadas é de 32,6 a 37,5 mm, e verificou-se que a diferença entre elas é bastante elevada, ou seja, 4,9 m, e são nitidamente diferentes umas das outras. Em termos de comprimento da fibra, a fibra das amostras na experiência é a fibra longa UzFA-713-37,5 mm, a média Kopaysin-35,0 mm, Kelajak-35,2 mm, UzFA-705-35,8 mm e a fibra curta Namangan-77-32,6 mm , 75007-11-33,0 mm foi observada para dividir em grupos. A análise dos dados obtidos mostrou que as amostras da experiência diferem acentuadamente em termos de indicadores micronaturais, que são um dos indicadores que determinam a qualidade da fibra da planta do algodão.

Quadro 4.13

Indicadores preliminares das caraterísticas economicamente importantes das variedades de algodão utilizadas como material experimental

T/r	Variedades	Peso de um saco de algodão, g	Rendimento em fibra, %	Comprimento da fibra, mm	Microneu r
1	Namangan-77	5,2±0,4	38,5±0,5	32,6±0,6	4,9
2	75007-11	6,0±0,3	35,5±0,6	33,0±0,7	4,8
3	Que se multiplique	5,5±0,2	37,0±0,4	35,0±0,6	4,4
4	O futuro	6,5±0,2	37,5±0,3	35,2±0,5	4,2
5	UzFA-705	6,1±0,1	38,3±0,4	35,8±0,5	4,1
6	UzFA-713	6,2±0,2	37,3±0,5	37,5±0,6	3,5

Assim, o índice mais positivo de fibra das amostras foi o UzFA-713, que foi de 3,5, e observou-se que pertencia ao tipo industrial III-IV. O indicador médio é UzFA-705-4.1, Kelajak-4.2 e Kopaysin-4.4 para o tipo industrial IV, e o indicador negativo mais elevado é Namangan-77-4.2 e 75007-11-4.2. Por conseguinte, foi determinado que pertencem ao tipo V de indústria. Verifica-se que as amostras selecionadas para hibridação, de acordo com os indicadores deste carácter, podem ser divididas em três grupos nitidamente diferentes entre si - positivo baixo, médio e negativo alto.

Os dados apresentados na Tabela 4.14 mostram que as amostras estudadas diferem entre si em termos de indicadores como comprimento médio de fibra alta e gravidade específica, que determinam a qualidade da fibra da planta de algodão. Assim, o comprimento médio da fibra alta das amostras experimentais foi de 1,23 polegadas na variedade UzFA-713, 1,19 polegadas na variedade Kelajak, 1,17 polegadas na variedade UzFA-705 e 1,15 polegadas na variedade Kopaysin. e o indicador foi de 1,11 polegadas na variedade Namangan-77, 1,13 polegadas na variedade 75007-11, e observou-se que foi dividido em três grupos. É de notar que a análise dos dados obtidos pela gravidade específica das amostras estudadas mostrou a sua separação em dois grupos nitidamente diferentes, e 32,4 g/tex na variedade UzFA-713, 31,4, 31 nas variedades Kopaysin, UzFA-705 e Kelajak, respetivamente. Verificou-se que o teor de gordura é de .2 e 30,8 g/tex.

Os dados apresentados na Tabela 3.3 mostram que as principais caraterísticas que determinam a qualidade da fibra do algodoeiro, como o comprimento médio da fibra alta, a gravidade específica e outros indicadores, são diferentes entre si. Assim, o comprimento médio da fibra alta das amostras experimentais foi de 1,23 polegadas na variedade UzFA-713, 1,19 polegadas na variedade Kelajak, 1,17 polegadas na variedade UzFA-705 e 1,15 polegadas na variedade Kopaysin. e o índice foi de 1,11 polegadas na variedade Namangan-77, 1,13 polegadas na variedade 7500711-2, e observou-se que foi dividido em três grupos.

É de notar que a análise dos dados obtidos em função da gravidade específica das amostras estudadas mostrou a sua separação em dois grupos nitidamente diferentes, e 32,4 g/tex na variedade UzFA-713, 31,4, 31 nas variedades Kopaysin, UzFA-705 e Kelajak, respetivamente. Verificou-se que o teor de gordura é de 2 e 30,8 g/tex.

Os indicadores das caraterísticas analisadas das amostras na experiência mostraram que estas diferem fortemente umas das outras. Na nossa opinião, esta diferença entre as caraterísticas das amostras pode dever-se à sua origem, geneologia e seleção genética orientada.

Por conseguinte, as amostras estudadas, para além da sua origem, diferem fortemente entre si em termos de uma série de indicadores, pelo que a sua hibridação pode ter um bom efeito no trabalho científico teórico e prático de seleção genética. As plantas híbridas obtidas a partir da sua hibridação servem como material de estudo, determinando as leis da hereditariedade e da variação das caraterísticas morfo-económicas e de qualidade da fibra do algodão, e obtendo novos genótipos.

CONCLUSÕES

As seguintes conclusões foram apresentadas com base nos resultados da investigação científica realizada sobre o tema "Herança e variabilidade da caraterística "qualidade da fibra" em híbridos F1 e F2 de variedades de algodão pertencentes à espécie G. hirsutum L:

Nas combinações híbridas recíprocas Namangan-77 x AN-130 de híbridos F1 com indicador microneural, foram observados casos de dominância negativa parcial, e essa situação indica que houve dominância positiva parcial para o indicador microneural. Nos híbridos F2, o coeficiente de transmissão do índice microneural da fibra de geração para geração é igual a h2=0,02-0,13, o que indica que o carácter é herdado principalmente sob a influência do ambiente externo.

Nos híbridos F1, o maior indicador do sinal relativo de força de quebra foi observado na combinação Namangan-77 x AN-130 (32,8 gs/tex) e ocorreu um estado de heterose positiva (hp=3,28). Uma ampla gama de variação transgressiva ocorreu nas combinações F2 da caraterística, como resultado da qual uma transgressão do lado direito foi observada nas combinações recíprocas AN-Boyovut-2 x S-6524 e Namangan-77 x Dehkanbob, e na combinação AN-130 x Namangan-77.

Nas combinações recíprocas F1, a caraterística de comprimento médio elevado foi herdada principalmente em casos dominantes positivos fortes, intermediários e, em alguns casos, dominantes negativos fortes e dominantes parcialmente negativos. A variação transgressiva do lado direito em combinações F2 resultou em recombinantes com marcadores de comprimento médio elevado de 1,13-1,17 polegadas tipo IV e 1,18-1,19 polegadas de fibra tipo III.

Nos híbridos F1, a caraterística do índice de uniformidade de comprimento foi herdada em estados dominantes fortemente positivos e fortemente negativos. Nas plantas F2, há uma transgressão do lado direito nas combinações AN-Boyovut-2 x S-6524, Namangan-77 x Dehkanbob, Namangan-77 x AN-130, e uma transgressão do lado esquerdo nas combinações recíprocas, e o sinal desvia-se para a forma parental.

O índice de fibras curtas foi herdado em combinações F1 de dominância extremamente alta com heterose positiva, heterose negativa, dominância positiva parcial e dominância negativa parcial, e uma ampla variação transgressiva foi observada em plantas F2.

A transgressão do lado direito do tipo de fibra foi observada nas combinações híbridas de híbridos F2, e a transgressão do lado esquerdo foi observada nas combinações híbridas recíprocas. Além disso, foram observadas plantas pertencentes aos tipos II e III nas populações de híbridos F2.

A partir de gerações F3 recíprocas das variedades Namangan-77 x AN-130 pertencentes a G. hirsutum L., o índice microneural é de 4,3-4,4, a resistência específica à rutura é de 33,7-34,2 gs/tex, o comprimento alto e médio é de 1,13- Foram isoladas as famílias O-12, O-18, O-41, O-47, O-78 e O-85 com fibras de 1,17 polegadas e do tipo IV.

REFERÊNCIAS UTILIZADAS

Documentos regulamentares e publicações de importância metodológica

1. O Presidente da República do Uzbequistão 2017 e 7 de fevereiro PF-4947-son "A norma estatal da República do Uzbequistão para o desenvolvimento da política agrícola" dos agricultores.
2. A norma estatal do Usbequistão. Fibra de algodão. Publicação oficial. // - Tashkent. 2001. - 10 p.
3. Dospekhov B.A. Metodologia de experiências de campo. - Moscovo: Agropromizdat, 1985. - 351 p.

Monografias, artigos científicos, colecções científicas.

4. Ibragimov P.Sh., Allashev B.D., Amanturdiev Sh.B. Seleção de guza de murakkab duragaylash. // - Tashkent, Fan. 2010. - 128 p.
5. Musaev D.A., Abzalov M.F., Turabekov Sh. Controlo genético dos pêlos das sementes de algodão G.hirsutum L. // - Moscovo. Ciência. 1988. - P. 241-262.
6. Musaev D.A., Abzalov M.F., Turabekov Sh. et al. Análise genética de caraterísticas do algodão // - Tashkent. 2005. - 121 p.
7. Egamberdiev A.E., Ibragimov Sh.I., Amanturdiev A.B. Reprodução, agricultura e biologia. // - Tashkent. 2009. - B. 17.
8. Abdullaev Al.A., Kuryazov Z.B., Egamberdiev Sh., Abdurakhmanov I.Yu., Abdullaev A.A. Identificação de marcadores de ADN da caraterística de comprimento da fibra nas espécies de algodão G.barbadense G. e G.hirsutum L. // Revista biológica uzbeque. - Tashkent. 2010. - №5. - P. 41-45.
9. Avliyokulov N., Yangiboev A., Avliyokulov T. // Uzun tolali tizmalar. // Agro ilm journals. - Tashkent. 2017. - № 2 [46]. - B. 9.
10. Avtonomov V.A. Inheritance of fiber yield and length in linear varietal hybrids Fi G.barbadense L. against the background of infection with gummosis // Bulletin of Agrarian Science of Uzbekistan. - Tashkent. 2005. - №9. - P. 40-45.

11. Aliyarov N., Ibragimov P., Urozov B., Tukhtaev E. Tabiy rangli tolali guza duragaylarida tola uzunliging shakllanishi. // Agro-ilm journals. - Tashkent. 2014. - No. 2[30]. - B. 6-7.
12. Zhuraev S., Namazov Sh., Kholmurodova G. Tuzaning G.hirsutum L. turi duragaillarida tola uzunligi va chitsimi belgilarini irsiylanishi. // Uzbekistan ktsshlots khuzhaligi. - Tashkent. 2007. - №1(5). - B. 10. 13. Ikromov Yu., Musaev Zh.A., Usmanov S.A., Saidkarimov A.T. Bir-biridan uzok turadigan tur ichi duragailash usulida sunyi ikdim (phytotron) issitskhona va dala sharotidan foidalangan hall guza selectionsi zharayonlarini tezlashtirish technologysi. // Pakhtachilik va donchilik journals. - Tashkent. 1998. -№2. - B. 8-11.
14. Iksanov M., Khalmonov B. Produção mundial de algodão. // Uzbekistan kishlok khuzhaligi - Tashkent. 2007. -№6. - B. 19. 15. Namozov Sh., Kholmurodova G., Zhumaeva G. Tuzayukori avlod convergent duragaillarida tola chitsimi va tola uzunliging shakllanishi. // Agro ilm journal.- Tashkent. 2011. - №4[20] - B. 20-21.
16. Sidditsov A.R. The importance of the characteristics of the variety AN-130 in the conditions of Zangi-ota. // Uzbekistan Agrar fani khabarnomasi. - Tashkent. 2006. - №2(24). - B. 30-33.
17. Sultanov S., Kolbaeva N., Khaitov K. Indicadores de caraterísticas de valor económico na variedade AN-130 nas condições de Zangi-ota. // Revista biológica uzbeque. - Tashkent. 2016. - №3. - P. 44-46.
18. Usmanov S.A., Khudarganov K.O., Abdiev F.R., Amanov B.Kh. Variabilidade de caraterísticas de valor económico em híbridos interlineares F4-6 de fibras finas
algodão G.barbadense L. // O Caminho da Ciência
Revista científica internacional. - Volgogrado. 2017. - №7. - P. 44-47.

19. Kholliev E. Guzaning asosiy khtssilini tupning pastki yarusiga tuplovchi oddiy Fi va backcross F1B1 duragaylarida tezpisharlik belgisi. // Agro ilm zhurnal. - Tashkent. 2011. - №4 (20). - B. 14.
20. Egamberdiev A.E. Espécies selvagens de algodão - dadores de qualidade de fibra e resistência à murchidão. // Relatórios da Academia de Ciências da República do Uzbequistão. - Tashkent. 1979. - №8. - P. 66-67.
21. Egamberdieva S.A. Buzaning murrakkab duragailari breeding popular crops and yakka tanlov method to improve the quality of cotton // Uzbekistan Agrar fani khabarnomasi. - Tashkent. 2005. - №4 (22). - P. 41-44.
22. Abdurakhmanov I.Y. Duplicação, divergência e persistência na família de genes fotorreceptores Phytochrome de algodões (Gossypium spp.) // Abdurakhmanov I.Y. [et al.] //BMC Plant Biol. - 2010. - №10. - P. 119. 23. Beil G.M., Atkins R.E. Herança de caracteres quantitativos sorgum // Jow State Journal of Science. - 1965. -No. 3. - P. 35-37.
24. Levis C.F. Algodão Win e Dill Mill Press // Agron. J. - 1991. - No. 92. - P. 12-13.
25. Ramachandran C.K. et. al. Hybrid cotton in India // Cotton Development. - 1982. -No. 12, - P. 35-45.
26. S.N. Kadapa, R.M. Rajapati Heterosis and line strength analysis in G.barbadense L. // Indian J. Cen and plant breeding. - 1989. No. 3. - P. 369-374.
27. Wendell J.F., Brubaker C.L. e Seelanan. The origin and evolution of Gossypium. In: Stewart J.M.; Oosterhuis D.; Heitholt J.J. e Mauney J.R., editores, Physiology of cotton. // Springer, Dordrechuis, Países Baixos. - 2010. - P. 1-18.

28. Avtonomov B.A., Akhmedov D.D., Mukhmadiev A.M., Aripov Kh., Djumaev S. Influência de factores físicos na manifestação do traço "peso do algodão cru de uma cápsula" em condições de campo nas variedades de algodão S-6524 e Namangan-77. // Fundamental fan va amaliyot integratsii: muammolar va istitsbollar. Rep. ilim-amalii conf. mat. - Tashkent. 2018. - pp. 86-88.
29. Avtonomov V.A., Kimsanbaev O.Kh.
30. Aitzhanov B., Aitzhanov U.E., Dzhienbekov S. Herança da qualidade da fibra em híbridos criados em solos moderadamente salinos do Karakalpakstan. // "Tecnologias de poupança de recursos e água na produção de culturas de alto rendimento no sistema de cultivo de algodão". Conferência científica e prática internacional. - Tashkent. 2010. - P. 342-343.
31. Allashov B. Study of correlations of early maturity with a number of economically valuable traits. // O estado da seleção e produção de sementes de algodão e as suas perspectivas de desenvolvimento. Mat. int. conferência científica e prática. - Tashkent. 2006. - P. 52-55.
32. Asadova Sh.I., Huseynova L.A., Kuliev F.Sh., Abdulalieva G.S. Chemical mutagenesis in the creation and increase of genetic diversity of cotton. // Mat. IX int. sym. "Plantas novas e não tradicionais e perspectivas da sua utilização". - Moscovo Pushchino. 2011. Vol. III. - P. 12-15.
33. Akhmedov J.Kh., Rakhmatullaev T.D. The influence of backgrounds created after repeated crops on the change in the weight of cotton per boll of medium-fiber Andijan-36 cotton varieties of Navruz cotton. // Integração da ciência fundamental e da prática: problemas e perspectivas. Rep. científica e prática conf. mat. - Tashkent. 2018. - P. 217-218.

34. Akhmedov J.Kh., Uralov S., Nuritdinov A., Nurmamatov A., Uralov J. Melhoria da qualidade da fibra de variedades de algodão recentemente criadas. // "Melhoria das tecnologias agrícolas de cultivo no complexo Tuza e Guza" Rep. científico e prático. conferência - Tashkent. 2013. - B. 326-328.
35. Battalov A.M., Nematov H.Sh. Nas condições da região de Bukhoro, foi criada uma nova variedade de borrego "Bukhoro-9", que não contém a substância tóxica gossipol na sua composição. // "Melhoria das agrotecnologias de cultivo de culturas no complexo Tuza e Guza" Rep. científico e prático. convenção - Tashkent. 2013. - B. 339-345.
36. Berdimurodov E., Shaumarov H.B. Algodão e seus aditivos tecnológicos. // País Tarazziot - jovens. Resp. conferência científico-prática - Tashkent. 2017. - B. 17-18.
37. Huseynov I., Makhmadzhanov S., Zolina V. Criação de novas variedades de algodão com alta qualidade de fibra. // "Direcções actuais da organização da investigação científica sobre reprodução e produção de sementes". Conferência científica e prática. - Tashkent. 2013. - P. 68-70.
38. Jalolov X., Radmonkulov S. Some important economic and fiber quality indicators of different colored samples of flax of the species G.hirsutum L. // Flax, selection and seed production. Coleção de trabalhos científicos. - Roshkent. 2009. - P. 120-125.
39. Zelenov E.I., Bondarchuk M.M. Análise da influência das propriedades da fibra de algodão nas caraterísticas de resistência do fio. // Resumos da Conferência de Estudantes Científicos de toda a Rússia. - Moscovo. 2007. - S. 5.
40. Karimov E.Yo., Sherimbetov A.G. Variação dos parâmetros de tom de força, comprimento superior e médio de todas as fibras por seleção dirigida na espécie de algodão G.hirsutum L. // Integração de ciências fundamentais e operações: problemas e questões. Resp. conferência científico-prática - Roshkent. 2018. - B. 208-209.

41. Kakhorov I.R. O nome oficial de Ruza é "Kelajak". // Matt. Resp. scientific practice conf. Realizações e perspectivas da biologia vegetal experimental. - Rashkent. 2013. - S. 81-83.
42. Kddorov I.R., Allambergenov R.D., Kddramonov A.K., Ruychiev H.Yu. Daynarov P.H. Planeamento, gestão e agrotecnia da introdução da variedade "Kelajak" de Ruza. // Matt. Resp. scientific practice conf. Realizações e perspectivas da biologia vegetal experimental. - Rashkent. 2013. - S. 83-85.
43. Kddorov I.R., Allambergenov R.D., Kddirova M.R., Kddramonov A.K., Dadazhonov J.R. As variedades "UzFA-705" e "Parnai" têm algumas caraterísticas económicas valiosas e plântulas de qualidade total. // Matt. Resp. prática científica
conf. Realizações e perspectivas da biologia vegetal experimental. - Tashkent. 2013. - S. 85-87.
44. Ka.\.\orov I.T., Dusmatova G., Kddirova M.R. Distância geográfica e genotípica do gado de meia-idade; a presença de uma solução completa em plantas de formas Fi. // Matt. Resp. scientific practice conf. Realizações e perspectivas da biologia experimental de plantas. - Tashkent. 2013. - S. 87-89.
45. Kakhorov I.T., Adramonov A.K. "UzFA-703" é o tipo de trigo mais prometedor, adequado para vários sistemas de cultivo e de alto rendimento. // Matt. Resp. scientific practice conf. Realizações e perspectivas da biologia vegetal experimental. - Tashkent. 2013. - S. 89-91.
46. Kakhorov I.T., Kddirova M.R., Ergashev O.R., Khakimov A.E. Factores para a melhoria e manutenção do equilíbrio da composição da nova população de navi UzFA-710 de Tuza. // Integração da ciência fundamental e da prática: problemas e perspectivas. Rep. conferência científica e prática - Tashkent. 2018. - P. 207-208.
47. Kodirova M.R. Inheritance of cotton fiber length in genetically distant hybrids of the species G.hirsutum L. // Integração da ciência fundamental e da prática: problemas e perspectivas. Rep. conferência científica e prática - Tashkent. 2018. - P. 54-55.

48. K.Ddirova M.R., Kakhkhorov I.T., Dusmatova G. Herança do comprimento da fibra em plantas F1 de formas geográficas e genotípicas longas de algodão de fibra média. // Mat. Rep. conferência científica e prática. Realizações e perspectivas da biologia vegetal experimental. - Tashkent. 2013. -
49. Mirzajonov K., Satipov F. Alguns factores necessários e problemas na produção de fibras e sementes de trigo mourisco de alta qualidade. // "Pilares do desenvolvimento da cultura do algodão no Uzbequistão" Rep. coleção científica. - Tashkent. 2014. - P. 89-95.
50. Muminov H.A. Variabilidade e hereditariedade da caraterística índice de fibra em híbridos de espécies de algodão com genoma A. // Mat. Rep. scientific and practical conf. Realizações e perspectivas da biologia vegetal experimental. - Tashkent. 2013. - P. 22-24.
51. Muminov H.A. Variabilidade e hereditariedade da caraterística índice de fibra em híbridos interespecíficos de algodão com genoma A. // Integração da ciência fundamental e da prática: problemas e perspectivas. Rep. Conf. científica e prática - Tashkent. 2018. - P. 36-37.
52. Mukhiddinov T.I., Choriev A.Kh., Jumaev S.D., K.D.dirova Sh.N. Fundamentos da determinação do rendimento e do comprimento das fibras dos espécimes parentais e dos híbridos da espécie G.hirsutum L. // Integração da ciência fundamental e da prática: problemas e perspectivas. Rep. conferência científica e prática - Tashkent. 2018. - P. 233-235.
53. Nazarov R.S. Seleção de formas de algodão de alta qualidade. // "Melhoria das agrotecnologias das culturas do algodão e do complexo do algodão" Rep. conferência científica e prática. - Tashkent. 2013. - P. 331-334.

54. Namozov Sh.E., Kholmurodova G.R., Boboev C.F., Jumaeva G. Indicadores de caraterísticas económicas valiosas de famílias e linhas de algodão criadas por métodos complexos de cruzamento. // А.Абдулллаев таваллудининг 80 йиллигига багишланган "Гузанинг дунёвий хилма-хиллиги генофонди-фундаментал ва амалий тадцицотлар асоси". Халцаро илмий анжуман. - Тошкент. 2010. - Б. 206-208.
55. Popov P.V., Daminova D.M. Correlation of resistance to wilt and length of the growing season on different infection backgrounds. // Evolutionary and selection aspects of early maturity and adaptability of cotton and other agricultural crops. Proc. Conf. científico int. - Tashkent. 2005. - P. 120-121.
56. Raimkulov E.I., Abzalov M.F., Shermukhmedov K.K. Tuzaning Fi va F2 usimliklarida morfobiologik va hujalik belgilarining irsiylanishi. // Proc. Rep. scientific-practical. conf. Realizações e perspectivas da biologia experimental de plantas. - Tashkent. 2013. - P.108-110.
57. Radmontsulov S.A. The degree of correlation of morphological and economic indicators of cotton with seed quality. // Conferência científica internacional dedicada ao 80.º aniversário do nascimento de A.A. Abdullaev "World diversity of cotton - the basis of fundamental and applied research". - Tashkent. 2010. - P. 70-72.
58. Rakhmontsulov S.A., Kholmurodova G.R., Namozov S.E., Toshmatova M.Sh. Qualidade da fibra de híbridos de algodão convergentes. // Questões actuais na cultura do algodão e perspectivas para o seu desenvolvimento: Rep. científica e prática. conf. - Tashkent. 2009. - P. 349-351.
59. Rizaeva S.M., Abdullaev A.A., Ernazarova D.D., Amanov B.Kh., Muminov H.A., Arslanov D.M. Indicadores de algumas caraterísticas económicas de linhas criadas com base na hibridação interespecífica. // Integração da ciência fundamental e da prática: problemas e perspectivas. Rep. conferência científica e prática - Tashkent. 2018. - P. 22-24.

60. Sirozhidinov B.A. Inheritance of the trait "cotton weight per boll" in hexaploid (2p = 78) hybrids with different genomes. // Integração da ciência fundamental e da prática: problemas e perspectivas. Rep. conferência científica e prática - Tashkent. 2018. - P. 40-42.
61. Sobirov A., Akhmedova D, Akhmedov H.A. Effects of rapid salinity on valuable farm animals. "The global diversity of the gene pool of the hogweed - the basis for fundamental and applied research" dedicado ao 80.º aniversário do nascimento de A.A. Abdullaev. Conferência científica internacional. - Tashkent. 2010. - P. 296-298.
62. Sultanov S. Equilíbrio de caraterísticas economicamente valiosas em selecções individuais de novas variedades de algodão. // Mat. Rep. Scientific and Practical Conference. Achievements and Prospects of Experimental Plant Biology. - Tashkent. 2013.- P.113-116.
63. Teshaev F.Zh., Sindarov O.Kh. . O efeito dos desfolhantes na qualidade da fibra de algodão em relação aos regimes de alimentação. // "Questões actuais da cultura do algodão e perspectivas do seu desenvolvimento". Conferência científica e prática internacional. - Tashkent. 2009. - P. 250-252.
64. Tojiev M., Tajiev K.M. The effect of repeated, annual and siderate crops planted after winter wheat on the quality of cotton lint and seed seed.
65. Toreev F., Karimov O. Variabilidade do sinal de comprimento total em junções simples e complexas do intestino médio. // "Fundamentos teóricos e práticos da criação de produtos compatíveis com fatores de compra na busca de tecnologias inovadoras em reprodução e reprodução" Rep. conferência científico-prática - Tashkent. 2017. - P. 73-76.
66. Toreev F.N., Umirov D.M., Mengniozov X., Saidaliyev B., Toshpulatova R. Tuzani é um estudo de sinal de paragem total. // Situação atual e perspectivas de desenvolvimento no domínio da

seleção e melhoramento de culturas agrícolas. Resp. conferência científica e prática. - Tashkent. 2015. - P.392-394.
67. Khalikova M., Saydaliev X. Algumas caraterísticas morfológicas e indicadores de produtividade em híbridos Fi de Tuza. // "A base das investigações genefundamentais-fundamentais e práticas sobre a estrutura global do pó" dedicada ao 80.º aniversário do nascimento do académico A.A. Abdullaev. Conferência científica Haltsaro. - Tashkent. 2010. - P. 138¬141.
68. Holliev E.E., Sodikov X. Herança da caraterística de maturidade precoce em híbridos de algodão F1-F3 e F1B1-F3B1. // "Melhoria das tecnologias agrícolas das culturas no complexo de Tuza e Guza". Resp. conferência científica e prática. - Tashkent. 2013. - B. 370-373.
69. Kholmurodova G.R., Ismoilova G.M., Zainobiddinova G.B. A formação de indicadores de qualidade da madeira em híbridos convergentes. // "Perspectivas de tecnologias inovadoras na criação e reprodução Fundamentos teóricos e práticos da criação de objectos resistentes a factores adversos no local de trabalho". Rep. conferência científica e prática. - Tashkent. 2017. - P. 60-62.
70. Khudarganov K.O., Usmanov S.A., Abdiev F.R. Caraterísticas de traços economicamente valiosos em híbridos interespecíficos de algodão. // II-Conferência Internacional Científica e Prática da Internet. Estado ecológico atual do ambiente natural e aspectos científicos e práticos da gestão racional da natureza. - Solyonoe-Zaymishche. 2017. - P.1273-1275 .
71. Chorieva Kh., Tojiev M. Advantages of newly developed medium-fibered cotton varieties and lines. // "Melhoria das agrotecnologias de culturas em algodão e complexos de algodão" Rep. Conferência Científica e Prática. - Tashkent. 2013. - P. 346-348.
72. Egamberdiev A.E., Aliyev A.I., Matyokubov X. Lists of high-yielding quality of Tuza // Collection of Tuza genetics, selection, breeding and breeding issues. - Tashkent. 1995. - B. 16-20.

73. Campbell B.T., Chee P.W., Lubbers E., Bowman D.T., Meredith W.R., Johnson J.Jr. e Fraser D.E. Genetic Improvement of the Pee Dee Cotton Germplasm Collection following Seventy Years of Plant Breeding. Crop science. 2011. - P. 955-968.
74. Clark, L.J., E.W. Carpenter e E.R. Norton. 2002. Acala Cotton Variety Trial, Safford Agricultural Center, 2001. Cotton, A College of Agriculture Report, The University of Arizona, Tucson, AZ. Série P-130, pp.91-96.
75. Hake K. Climate disruptions to fiber yield growth. Disponível em: http://www.cicr. org. in/isci-image/3.pdf. 2012. - P. 21-26.
76. Jenkins J.N., Constable G.C. e Forrester N.W. Host plant resistance in cotton / Challenging the Future Proceedings of the World Cotton Res. Conf 1, Brisbane Australia, CSIRO, Melbourne. 1994. - P. 359-372.
77. Jenkins JN, McCarty JC, Jr., Parrott WL. Effectiveness of fruiting sites in cotton/yield (Eficácia dos locais de frutificação no algodão/rendimento). Crop Sci. 1990. - P. 365-369.
78. May O.L. Genetics variation in fiber quality in A.S. Basre (ed), Cotton fibers, Food Products Press // New York. - 1999. - P. 183-229.
79. Norton, E.R., L.J. Clark e S.H. Husman. 2002 Evaluation of Twin-Line Cotton Production System in Graham County [Avaliação do sistema de produção de algodão em linha dupla no condado de Graham]. // Faculdade de Agricultura e Ciências da Vida, Extensão Cooperativa, Tucson, Arizona. 2003. - P. 22-27.
80. Rethwisch, M.D., R. Suffle, R. Murphey, B.J. Griffin e A. Bradley. Effects of Messenger Treatments on Upland Cotton in the Palo Verde Valley, 2001. Em J. C. Silvertooth [ed.], Faculdade de Agricultura e Ciências da Vida, Extensão Cooperativa, Tucson, Arizona. 2003. - P. 97-104.
81. Saha S., Stelly D.M., Raska D.A., Wu J., Jenkins J.N., McCarty J.C., Makamov A., Gormate Y.,

MIX
Papier aus verantwortungsvollen Quellen
Paper from responsible sources
FSC® C105338

Printed by Books on Demand GmbH, Norderstedt / Germany